NICOLE BRINKMANN

Nähe und Distanz in der Hundeerziehung

GOLDMANN

Nicole Brinkmann

Nähe und Distanz in der Hundeerziehung

Der Schlüssel zu klarer Kommunikation und echter Verbundenheit

Mit einem Vorwort von Nadin Matthews und
Illustrationen von Dave Bese

GOLDMANN

Alle Ratschläge in diesem Buch wurden von der Autorin und vom Verlag sorgfältig erwogen und geprüft. Eine Garantie kann dennoch nicht übernommen werden. Eine Haftung der Autorin beziehungsweise des Verlags und seiner Beauftragten für Personen-, Sach- und Vermögensschäden ist daher ausgeschlossen.

MIX
Papier | Fördert gute Waldnutzung
FSC® C010328
FSC
www.fsc.org

Penguin Random House Verlagsgruppe FSC® N001967

2. Auflage
Originalausgabe April 2025

Neumarkter Str. 28, 81673 München
produktsicherheit@penguinrandomhouse.de
(Vorstehende Angaben sind zugleich
Pflichtinformationen nach GPSR)

Redaktion: Birthe Vogelmann
Illustrationen: Dave Bese
Umschlag: Uno Werbeagentur, München
Umschlagmotiv: Dana Thimel/Lichtphotographie
Satz: Satzwerk Huber, Germering
Druck und Bindung: Alföldi, Debrecen
Printed in Hungary
LG · CB
ISBN 978-3-442-22421-0

www.goldmann-verlag.de

Inhalt

Vorwort

von Nadin Matthews

In einer modernen Gesellschaft, die von digitalen Interaktionen geprägt ist, steht die Herausforderung im Raum, echte Nähe zu schaffen, während die Gefahr emotionaler Isolation durch zu viel Distanz besteht. Dieser Tage haben unsere Hunde eine besondere Bedeutung für uns. Sie sind da. Immer. Sie begleiten uns auf unseren Wegen und leben unser Leben mit. Eng verwoben miteinander vergessen wir zuweilen, dass wir es sind, die über das Leben des Hundes entscheiden. Wir bestimmen darüber, was Hunde anziehen, wann sie rausgehen, wohin sie gehen, wen sie treffen und wie sie erzogen werden. Wir erwarten von ihnen, ebenso wie von uns selbst, Anpassung im Alltag. Vielleicht sind es an dieser Stelle mal wieder die Hunde, die uns retten. Die Beziehung zu ihnen wirft Fragen auf, wie wir eigentlich mit unseren eigenen Bedürfnissen umgehen, wie wir Grenzen setzen und Verbundenheit leben.

Menschen und Hunde sind als soziale Tiere von Beginn ihres Daseins auf ihre Mitgeschöpfe angewiesen und streben gleichsam nach Autonomie. Nähe und Distanz sind Grundbedürfnisse. Wer bin ich? Wer bist du? Wer sind wir im Wir? Die Klarheit über Nähe und Distanz gewinnt an Bedeutung, wenn wir unsere Hunde in ihrer Individualität anerkennen und als vollwertige Beziehungspartner sehen.

Wer Nicole Brinkmann mit ihren Hunden sieht, erlebt Nähe, Gleichklang, Klarheit und Verbundenheit. Sie bewegt sich eng begleitet von ihren sechs Hunden in bewusster Haltung durch den Raum, in dem dann die Frage steht, wie sie das macht. Die Hunde erscheinen fröhlich, sie selbst gelassen. In ihrem Buch widmet sie sich dieser Form von raumzeitlicher Kommunikation, die in unserem sozialen Miteinander eine zentrale Rolle spielt. Nähe und Distanz – beim Lesen wird klar, welche Rolle die komplexe Dynamik beider Pole spielt.

Nähe wird oft als Zustand des Vertrauens und der Zugehörigkeit wahrgenommen, während Distanz mit Isolation und Entfremdung assoziiert wird. Nicoles Buch durchleuchtet diese Dimensionen und erklärt darin die Notwendigkeit von

Nähe und Distanz. Was wäre, wenn wir Nähe und Distanz nicht als Gegensätze, sondern als komplementäre Elemente verstehen? Wie kann uns Abstand helfen, klare Entscheidungen zu treffen und uns selbst besser kennenzulernen? Wie können wir Verbundenheit nonverbal ausdrücken?

Anhand persönlicher Geschichten, wissenschaftlicher Erkenntnisse und philosophischer Überlegungen befasst sich das vorliegende Buch mit verschiedenen Facetten dieser Thematik und regt die Leser*innen an, über ihre Verbindungen nachzudenken. Denn letztlich sind es die Beziehungen, die unser Leben formen und bereichern – und es liegt an uns, wie wir diese gestalten. Darin dürfen die Bedürfnisse des Hundes und unsere eigenen Platz finden.

In der Hundeerziehung fördert das ausgewogene Verhältnis von Nähe und Distanz eine harmonische Beziehung, die sowohl das Wohlbefinden des Hundes, als auch das des Menschen verbessert. Bindung und Sicherheit in der Nähe existieren neben Unabhängigkeit und Selbstregulation in der Distanz. Die Kommunikation darüber ist entscheidend.

Dieses Buch regt zur inneren Diskussion an und zeigt in vielen praktischen Übungen auf, wie wir ein angemessenes Gleichgewicht finden können, um gesunde, erfüllende Beziehungen zu führen – mit unseren Hunden, aber auch mit anderen Menschen und uns selbst.

Vertrauen ist die Frage. Liebe ist die Antwort. Genau dies habe ich in diesem Buch gefunden. Eine inspirierende Antwort.

Eine Verbindung zu Hunden

Über meine Hunde und mich in ehrlicher Fassung

Meine Hunde sind mir unfassbar nah. Kaum etwas genieße ich mehr als die Momente der Nähe mit ihnen. Es ist, als ob »kein Blatt Papier zwischen uns passt«. Ich liebe die körperliche Nähe: das Anschmiegen, das Kümmern, das Zeigen von Verbundenheit.

Am liebsten spüre ich ihr Fell, ihren Körper, ihren Atem und Puls eng an meinem Oberkörper. Mein Herz schlägt höher vor Glück, wenn alle meine Hunde versuchen, so nah wie möglich zu mir zu kommen, mir das Gesicht lecken, sich mit ihrem ganzen Körper an mich schmiegen. Ich genieße es, mit meinen Händen ihren Oberkörper zu kneten und zu kraulen, sie unter der Bettdecke an meine Knie zu kuscheln und sie tief ausatmen zu hören. In diesen Momenten kann ich mich fallen lassen, geborgen in ihrer kolossalen Zuneigung.

Zurzeit lebe ich mit vier Australian-Shepherd-Rüden, einer Jack-Russell-Hündin und einer Malinois-Tervueren-Hün-

Wenn sich Glück, Liebe und Verbundenheit anfassen lassen, dann hier.

din zusammen, die ich aus einer Beschlagnahmung übernommen habe und bis zu ihrem Lebensende betreue. Sechs Hunde, und alle habe ich am liebsten dicht, dichter, am dichtesten bei mir. Ich liebe es, mit ihnen gemeinsam aufzuwachen, zu ruhen, zu kuscheln und abzuschalten. Das Gefühl zu haben, Teil einer Hundegruppe zu sein, das ist phänomenal – das größte Geschenk in meinem Leben. Ich bin sicher, dass ich in diesem Punkt vielen Menschen ähnlich bin. Wir lieben den sozialen Klebstoff, den Körperwärme und innige Verbindung bieten. Wir suchen Liebe und finden sie ungefiltert, echt und bedingungslos bei unseren Hunden.

Und ...

Das soll auch so bleiben, für dich und deinen Hund, während ich dich in diesem Buch mitnehme auf eine gemeinsame Reise der Entwicklung von Nähe und Distanz innerhalb eurer Mensch-Hund-Beziehung.

Aber ...

Ich möchte dich darauf aufmerksam machen, dass dies nur die eine Seite der Medaille ist. Zu welchem Preis suchen wir das eigene Bedürfnis nach Nähe zu stillen? Welchen Preis zahlt unser Hund für unseren Wunsch nach Verbindung? Was dürfen wir nicht vergessen zu betrachten? SEINE WELT – SEIN BEDÜRFNIS.

Unsere Hunde suchen ihren sicheren Halt in unserer Gesellschaft, in unserer Zivilisation, und sie brauchen jemanden, der sie durch die Widrigkeiten und Aufgaben des Lebens führt. Jemanden, der sie emotional versteht, und, noch viel wichtiger, jemanden, dem sie vertrauen und in schwierigen Situationen zuhören können.

Da landen wir unumgänglich auf der anderen Seite der Medaille. Kuscheln allein hilft da nicht weiter. Ebenso wenig, so zu tun, als wäre die Welt immer schön. Oder mit Futter und Spielzeug Hilflosigkeit als Halter zu symbolisieren. Oder formelles Training in den Hund zu pressen, wie »Sitz«, »Platz«, »Bei Fuß« etc.

Mein Lieblingsfall Emil mit seinen Schwierigkeiten, seinen Ängsten anders zu begegnen.

Wer in einer Beziehung lebt, möchte die Tiefe dieser Beziehung spüren, und zwar gerade dann, wenn der Hund Sorge hat, wütend wird, Angst hat, außer sich ist vor Freude, hochgradig gestresst agiert oder sich selbst nicht helfen kann. Ein ehrliches Gespräch über die Tiefe einer Beziehung bedeutet aus meiner Sicht als Hundehalterin, Hundepsychotherapeutin, Hundetrainerin, Pferdewirtin, Landwirtin und auch als Ehefrau und Mutter: Möchtest du Nähe genießen, darfst du auf Distanz nicht verzichten. Möchtest du im »Ja, ich stimme dir zu!« ehrlich sein, darfst du auf das »Nein, das möchte ich nicht!« nicht verzichten. Der Filter für das Ja und das Nein zwischen dir und deinem Sozialpartner Hund liegt in Nähe und Distanz. Körpersprachlich, gedanklich und emotional.

Es lohnt sich – vor allem für deinen Hund und die Tiefe eurer Kommunikation und Beziehung. Alles andere wäre geheuchelt. Wir sind nicht immer glücklich und wir sind auch nicht immer einer Meinung. Hier steigen wir Menschen mit unserer Körpersprache aus unterschiedlichen Gründen aus. Der sicherlich wichtigste Grund hierfür ist, dass wir das Fühlen und Sprechen mit dem Körper als Kinder leider verlernt haben. Gerade in unserer westlichen Gesellschaft wird es nicht genutzt.

Daraus resultiert ein kleines Dilemma für unsere Hunde, denn körpersprachlich nett zu sein, heißt mittlerweile für viele Hunde: Stattdessen bekomme ich ein Lob mit Streicheln und Leckerli und das körpersprachliche Nein zum Hund fehlt zu häufig. Das ist unbiologisch, unklar für den Hund, und ich möchte sogar sagen: unfair. Die Fleischwurst ist kein soziales Ja und die andere Seite der Medaille fehlt. Woher sollen die wichtigen Aspekte einer Erziehung: Halt, Sicherheit und Vertrauen, kommen? Wir lassen unseren Hund quasi immer dann allein, wenn er ein Problem mit sich selbst oder auch mit uns hat, unsicher ist, Anleitung bräuchte und heilfroh wäre, wenn er ein gut aufgestelltes System hätte, eine Gruppe, die Sicherheit vermittelt – und zwar über eine echte Struktur.

Lass dich auf die Reise ein: eine Rückwärtsreise zurück zu unserer Biologie, unseren Bedürfnissen, Familie zu leben, und zu – nennen wir es »echter Liebe«.

Einladung

Was Nähe emotional für dich bedeuten könnte

»Ganz nah« bedeutet: bedingungslose Liebe, pures Glück, füreinander da zu sein, jemanden zu versorgen und zu unterstützen. Wie entsteht Nähe? Wie kannst du Nähe zu jemandem spüren? Welche Gefühle hast du, wenn dein Hund dir sehr nah ist? Die Wärme seines Fells, die ruhige Atmung, die sanften halbgeöffneten Augen, das Schmatzen und sein Heranschmiegen – dein Hund ist ein absoluter Herzenswärmer für dich.

Frontal kann es so warm und verbunden sein, wenn man diesen Momenten Zeit gibt.

Nähe ergibt sich nicht einfach so. Wir Menschen verspüren eine tiefe Verbundenheit, wenn wir uns verstanden, gemocht, sicher fühlen und einer anderen Person körperlich nah sind. Die Frage, die ich versuche so wertfrei wie möglich zu stellen: Wie häufig fühlst du dich so nah und so verbunden mit einem anderen Menschen? Wann spürst du tatsächlich deine eigenen Gefühle in deinem Alltag, und wie häufig reagierst du ihnen entsprechend in direkten, ehrlichen Äußerungen?

Ich möchte dich einladen auf eine Reise für dich und deinen Hund, ich möchte eintauchen in emotionale und sinnliche Bilder, in räumliche Verständigung, mit denen unsere Bedürfnisse erfüllt werden bzw. mit denen du die Grundbedürfnisse deines Hundes durch seine sehr biologische, klare und manchmal unemotionale Brille betrachten kannst.

Kehren wir zurück zur Biologie eines in der Gruppe lebenden, hochkomplexen Säugetiers. Menschen und Hunde sind in ihrer biologischen Grundausstattung weniger weit voneinander entfernt, als wir glauben. Ich stelle in den Raum, dass wir, Hund und Mensch, eine Familie sind, in unserem Zusammenleben mit all unseren Bedürfnissen, Sinneswahrnehmungen und Gefühlen. Es geht bei dem Aspekt »soziale Nähe« insbesondere darum, in Verbindung zu einem anderen Individuum gehen zu können, mit einem ehrlichen Ich, einem Ich, das sich nicht in Mustern und Strategien aufhält.

Ohne einen Drang oder Aufruf zur Veränderung im Zusammenleben mit deinem Hund möchte ich mit dir gemeinsam den Fokus auf Wahrnehmung legen und das eine oder andere kleine Experiment machen.

Die echte Verbindung zu einem anderen Individuum kannst du dir nur leisten, wenn du dich sicher fühlst, wenn du dich entspannen kannst und dich selbst spürst. So kannst du einen Raum kreieren, um ganz bei dir zu sein. Wenn du auf Strategien verzichtest, trittst du mit wirklichen Momenten in Kontakt, hier spürst du sehr tiefe Emotionen. Dafür ist der Hund ein begabter Türöffner und somit zu Recht der beste Freund und Helfer des Menschen.

In diesem geschaffenen emotionalen Raum entsteht für dich und für viele Hundebesitzer eine Oase der Glückseligkeit, des inneren Friedens, der Liebe, des Zugewandtseins, der echten Verbindung: Da ist ein Lebewesen, das hat ausnahmslos an dir Interesse, seine Aufmerksamkeit liegt bei dir, seine Wertschätzung, seine Gunst, seine Anteilnahme, sein Wohlwollen, seine Gewogenheit und seine bedingungslose Präsenz – sprich seine Liebe.

Unser Bild von Nähe in unserem durchgetakteten Leben ist verzerrt. Die Strategien in uns sind unsere Alltagshelden, oft sind wir in einem stetigen Angst- oder Unsicherheits-Bewältigungsmodus. Ich möchte nicht sagen Überlebensmodus, aber unser Nervensystem ist den ganzen Tag stark beschäftigt. Egal ob privat, im Job, als Elternteil, als Kind oder als Spaziergänger. Wir sind sehr angestrengt und in den Tiefen des Nervensystems sehr unreguliert.

Und hier kommt der Hund ins Spiel: Ich lade dich ein, deine Fähigkeiten zu stärken, Emotionen, Aufmerksamkeit, Gedanken und Verhaltensweisen zu erkennen, zu regulieren und so mehr Flexibilität und Freiheit für das Leben mit deinem Hund zu finden. Ich meine die Fähigkeit, dein Bewusstsein zu stärken und zu vertiefen, Wohlbefinden und wirkliche soziale Nähe zu spüren durch die Entwicklung von Aufmerksamkeit, Bewusstheit und schließlich Absicht.

Wenn wir Menschen fokussierte Aufmerksamkeit, offene Bewusstheit und freundliche Absicht entwickeln[1], stärken wir unser Immunsystem, halten uns jung, Blutdruck und Kreislauffunktion werden erheblich gestärkt, und durch die neuronale Integration werden die Selbstregulation, die Problemlösung und das Anpassungsverhalten maßgeblich optimiert. Dies alles führt zum ZENTRUM DES WOHLBEFINDENS. Ich werde es mit eigenen Ideen beschreiben. Das Gefühl des Wohlbefindens, der Verbundenheit und der emotionalen Balance führt zu einer sehr intensiven Empfindung

Niemals verlieren wir den Grund aus den Augen, warum unsere Hunde für uns so wichtig sind.

der Entspannung und Selbstregulation, die wir mit dem Hund erleben. Auch ich heile meine tiefen Wunden an der Tankstelle »soziale Nähe«.

Nichts daran soll sich jemals ändern. Wir wären verloren ohne unsere Hunde und deren Präsenz, Aufmerksamkeit, Klarheit und Ehrlichkeit, kurz, ohne deren Liebe. Doch lass dich mitnehmen auf eine Reise zur Vollendung des Kreises, suchen wir nach dem *missing link*: Wer bist du für deinen Hund?

Distanz und Nähe: zwei Gegensätze in der tiefen Substanz einer sozialen Beziehung

Der Satz »Ich bin jetzt seit zwanzig Jahren Hundetrainerin« wäre kein guter Start für unsere gemeinsame Reise der Wahrnehmung – denn mal ehrlich: Wen interessiert das? Und doch spielt es natürlich eine Rolle, denn ich beobachte und unterstütze seit vielen Jahren Mensch-Hund-Teams mit verschiedenen Problemen und Schwierigkeiten und vor allem mit ganz unterschiedlichen gemeinsamen Systemen. Ich habe durch aufmerksame Beobachtung vieles über das Innere der Beziehung zwischen Mensch und Hund verstehen können.

Nahezu zwanzig Jahre Betreuung von zum Großteil schwierigen Hunden innerhalb meiner eigenen Hunde- und Menschen-Familie haben mich viel über die Sprache des Raumes unserer Hunde untereinander gelehrt. Unsere Hunde als »in der Gruppe lebende Säugetiere« sprechen sowohl mit anderen Hunden als auch mit uns Menschen immer über den umgebenden Raum sowie die innere (Gedanken und Gefühle) und äußere (Gefühle und Bewegung) Bewegung der Körper. Unsere Hunde fühlen, denken und handeln auf den belebten und unbelebten Raum bezogen. Wir können dieses Verhalten betrachten und zurückgewinnen. Ich möchte meinen, auch zu unserer Entwicklung und Heilung.

Ich habe gelernt, den Raum zu spüren, die Spur der Kommunikation im Raum: Wie verhalten wir uns miteinander?

Wenn so viele unangenehme Gefühle im Außen sind, beginnt die Reise im Inneren der Beziehung.

Wie ist die Beschaffenheit des Systems? Wenn du die Gruppe verstehen lernst, verstehst du auch die Bedürfnisse deines Hundes und kehrst ohne Umweg zu deinen eignen Bedürfnissen sowie den damit einhergehenden Gefühlen zurück.

Ich verstehe die Bewegung, die Energie, die Einstellung unserer Hunde. Ihre Biomechanik[2], die Gefühle, die dahinterliegenden Bedürfnisse. Und zwar dadurch, dass ich die Biomechanik sehe, immer im Hier und Jetzt, mit dem Bezug auf »Was kommt eventuell als Nächstes?« Durch die Dreinsicht, damit ist die Betrachtung der Bewegung einer Gruppe von Individuen im gemeinsamen Raum gemeint, bin ich ein Teil des Ganzen, der Biomechanik eines Rudels oder einer Hundegruppe geworden. Stell dir vor, jedes Mitglied der Familie ist Teil eines Mobiles. Niemand bewegt sich alleine und niemand ist ohne Bewegung.

Wenn ich einen Schritt vordenke, kann ich Zeit bringen zwischen Reiz und Reaktion.

Einfach erklärt: Ich sehe die Bewegung eines Hundes im Kontext der Gruppe, spüre seinen Zustand, seine Bewegung in Gedanken, Gefühlen und Körpermotorik. Und jede Bewegung oder Regung beziehe ich auf den Kontext, in welchem sie stattfindet. Sei es ein Mensch oder ein anderer Hund, oder auch unbelebter Raum, z.B. eine geschlossene Türe vor dem Hund. Das, was es gilt zu üben, ist, Bewegungen zu sehen und als Mensch ein Teil der Bewegung der Gruppe zu werden, im Idealfall sogar der wichtigste Teil der Bewegung.

TEIL I

Die Theorie von Nähe und Distanz

1. Dein Hund als sozialer Partner oder: Du als sozialer Partner für deinen Hund

Ich möchte mit diesem Buch deine Wahrnehmung und Aufmerksamkeit öffnen, den Fokus stärken und gleichzeitig dir und deinem Hund viel mehr Zeit schenken, als ihr sonst füreinander habt. Das gilt erst recht für die sogenannten Problemsituationen eures gemeinsamen Alltags.

Ich möchte, dass ihr euch mit Bewusstsein, Muße und Achtsamkeit gegenseitig wahrnehmt.

Im Vordergrund steht, dass dein Hund dich als Sozialpartner spürt, und zwar in unterschiedlichen Strukturen der Energie und des räumlichen Ausdrucks. Der Hund muss wissen: Wer und wie bist du? Stell dir die Bewegung im Raum, sagen wir in einer Wohnung oder einem Haus, als eine Summe der gesamten Bewegung einer Gruppe vor, wie ein Raum, komplett gefüllt mit Bällen, wie ein Bällebad aus Kindertagen. Und diese Bälle werden bewegt, damit jedes Familienmitglied sich bewegen kann, miteinander, untereinander und gegeneinander schiebend. Viele Bälle liegen zwischen euch. Du kannst dir sicher vorstellen, dass viel Energie notwendig ist für das Verschieben von Bällen im Raum. Und stell dir jetzt einmal vor, wie dein Körper aussehen würde, wenn du sehr viele Bälle vor dir herschiebst, um schnell und erfolgreich an ein Ziel zu kommen, oder wie du ausschaust, wenn du ein paar Bälle an dir vorbeilässt, weil jemand anderes sie aus dem Weg schiebt, oder wie du ausschaust, wenn du jemandem Platz machst, der die Bälle vor dir in deine Richtung schiebt und du sozusagen seiner Bewegung nachgibst. Welche Reaktion kann er von dir erwarten?

Vielleicht hast du dich auch schon häufig gefragt, warum sich der Alltag mit deinem Hund so widersprüchlich gestaltet. Warum vertraut er dir in bestimmten Situationen nicht? Warum scheitern so viele Übungen aus dem Hundetraining? Lass uns wertfrei die Basis anschauen, die Basis für dich und deinen Hund.

Wofür ist die Idee mit dem gemeinsamen Raum bzw. dem Bällebad so wichtig? Wir kommen immer wieder auf deinen Hund zurück und das Bestreben, dass du »eine Gruppe« für ihn wirst. Du und dein Hund als »in der Gruppe lebende Säugetiere«.

Du bist Sozialpartner für deinen Hund, ich finde diese Aufgabe enorm wichtig und mit Respekt zu betrachten. Für unsere Kinder gibt es die Eltern, Großeltern, Geschwister, Freunde, Erzieher, Lehrer und, und, und, ganz viele Teilnehmer in einem sozialen Netzwerk. Das soziale, einflussnehmende Netz für deinen Hund bist du bzw. seid ihr als menschliche Familie, mit all ihrer Komplexität und Bedeutung des sozialen Rahmens.

Das Bild des sozialen Rahmens illustriert sehr schön die Umgebung, in der Babys, Kinder und Jugendliche heranwachsen dürfen, bis sie ihre eigene soziale Kompetenz entwickeln. Ich bin davon überzeugt, dass Kinder sich nur sicher fühlen und selbst spüren können, indem sie liebevolle Rahmenhandlungen in ihrem sozialen Netz erfahren: durch das Abnehmen von Entscheidungen, Hilfestellung in Form von Erklärungen, die Sicherstellung von Rangordnung und Hierarchie. Wer ist Lehrer, wer ist Schüler, wer ist Mutter, wer ist Kind? Verschiebungen führen maximal zu Verunsicherungen und Traumatisierungen bei Kindern. Das Gleiche gilt auch für unsere Hunde, wie wir im nächsten Abschnitt sehen werden.

Wir sind unseren sozialen Grundbedürfnissen ausgeliefert

Lerne mit mir das Ausmaß der Bedeutung kennen, welche die Erfüllung von sozialen Grundbedürfnissen für uns hat; die damit verbundenen Emotionen. Die wichtigste Aussage zu Beginn dieses Buches lautet: Lerne euch beide kennen in der Bewegung, in der ihr schwingt und gegeneinander stoßt, außerhalb von »Mach Sitz!« und »Mach Platz!«. Benutze eure gemeinsame Sprache des Raumes. Betrachte euch beide und eure Körpersprache nur durch Aufmerksamkeit, nimm euch beide genauer wahr, wer ist …

Wann?
Wo?
Wie?
In welchem Kontext?

Es ist nicht so schwierig, wie du denkst.

Distanz und Nähe sind zwei Gegensätze, die innerhalb einer sozialen Beziehung miteinander verbunden werden. Ich biete dem Hund soziale Nähe an und gebe ihm Sicherheit durch die Möglichkeit, für Abstand zwischen uns und auch zu seinen eigenen Befürchtungen sorgen zu können.

2. Das Konzept des Buches

Wie erkläre ich es dir, liebe Leserin oder lieber Leser, ohne Gesten und Mimik? Ohne dass ich mich mit dir und deinem Hund durch euer Wohnzimmer bewegen kann, ohne die so wichtige individuelle Beratung, ohne dich persönlich kennenzulernen, mit deinen Kompetenzen und Stärken und denen deines Hundes, bis hin zu allen Baustellen und Problemfeldern, die euch heimsuchen? Ich liebe Menschen, ich liebe Hunde und ich liebe Probleme.

Ich versuche, den Prozess in folgenden Stufen zu beschreiben:

Beobachtungen: Übe dich darin, zu sehen, ohne zu werten. Lerne zu sehen.

Gefühle: Wie stark ist welche Energieform, welches Gefühl könnte dahinterstehen? Wie könnte sich Angst als Energie im Hund anfühlen, bzw. wie kann ich sie erkennen? Oder auch starke Freude, wie ist eine Energie der Wut? Wir werden uns später mit einigen wichtigen Gefühlen befassen.

Bedürfnisse: Welches Grundbedürfnis scheint nicht erfüllt zu sein?

Es geht um Veränderungen der Energie innerhalb des Raumes und nach außen, um Veränderungen des Verhältnisses der Sozialpartner Mensch und Hund, um die Veränderung, die in beiden Individuen als Folge stattfindet.

Was jetzt sehr kompliziert klingt, wird enorm heruntergebrochen auf viele kleine Klarheiten. Bilder, Gewohnheiten, Konzepte, Attitüden und Weisheiten deines Hund-Mensch-Alltags. Ich hoffe auf Erkenntnis, durch Einfachheit und bekannte Denkmuster und Wertschemata. Obwohl mir nicht daran liegt, auch nur einen Menschen oder einen Hund, in welcher Situation auch immer, wertend statt liebend zu betrachten. Ich benutze Schubladen lediglich zur Verdeutlichung und Untermalung. Somit erscheine ich polarisierend, dreist, unwissenschaftlich – und wertend. Für den guten Zweck der Verständlichkeit nehme ich das in Kauf.

Hier eine Beispielsituation zwischen dir und deinem Hund, aufgesplittet in die drei vorgestellten Stufen:

Beobachtungen: Lerne zu sehen. Du betrittst dein Haus oder deine Wohnung, dein Hund springt wie verrückt an dir hoch, ist mit den Vorderpfoten nahezu auf Brusthöhe, poltert einfach um dich herum, und jede Bewegung, die du auf ihn zumachst, führt nur zu Wegspringen, Ausweichen und Herumblödeln.

Gefühle: Wie stark ist welche Energieform, welches Gefühl könnte dahinterstehen? Total aufgebracht, nicht nur aufgeregt, durch Frust, Angst, Stress, Unzufriedenheit, Ärger, Wut und auch ein Hauch Freude – was von vielen Menschen gerne als »Der Hund freut sich« betitelt wird.

Bedürfnisse: Welche Bedürfnisse stehen hinter dem Verhalten deines Hundes? Nehmen wir die Situation, du hast deinen Hund kurz alleine gelassen, er kennt die Situation noch nicht gut. Ist er verbunden mit seiner Familie? Kann er selbstbestimmt tun, wonach ihm gerade ist? Hat er ausreichend Sicherheit, weil er auf gemachte gute Erfahrungen zurückgreifen kann? Ist er entspannt, weil er glücklich und müde seine Energie sparen und wieder aufbauen kann für die wichtigen Aktionen des Alltags? Häufig ist vieles davon eher mit Nein zu beantworten ...

Zu den Bedürfnissen kommen wir ausführlicher im folgenden Abschnitt.

Welche sozialen Grundbedürfnisse gibt es?

VERBUNDEN SEIN	SICHER SEIN	ENTSPANNT SEIN	SELBST-BESTIMMT SEIN
• Nähe • Respekt • Intimität • Akzeptanz • Wahrgenommen werden • Aufmerksamkeit • Aufrichtigkeit • Einfühlung • Verbindlichkeit • Verlässlichkeit • Gemeinschaft • Verständnis • Transparenz • Ehrlichkeit • Kontakt	• Achtsamkeit • Beständigkeit • Aufrichtigkeit • Ehrlichkeit • Diskretion • Geborgenheit • Verbindlichkeit • Orientierung • Privatsphäre • Vertraulichkeit • Vertrauen • Ordnung • Klarheit	• Erholung • Harmonie • Ruhe • Frieden • Gelassenheit • Stille • Bequemlichkei • Rückzug • Gemütlichkeit • Privatsphäre	• Authentizität • Autonomie • Eigenständigkeit • Freiwilligkeit • Kreativität • Kompetenzaktivität • Effektivität • Selbstwirksamkeit • Individualität • Freiheit • Unabhängigkeit • Privatsphäre

Ich möchte diese vier Grundbedürfnisse für dich und deinen Hund erkennbar, lesbar und spürbar machen. Lerne, sie durch die Brille deines Hundes zu betrachten, im Hinblick auf eure Mensch-Hund-Beziehung. Lerne, die Bedürfnisse in euer Zusammenleben einzubeziehen, in die Dialoge mit deinem Hund innerhalb eures Zuhauses.

Ich werde dir die mögliche Reihenfolge, in der die Grundbedürfnisse in Erscheinung treten können, in verschiedenen Situationen eures gemeinsamen Hundealltags aufzeigen. Vielleicht ein Bewusstsein schaffen für fehlende oder zu schwache Selbstregulation oder eben auch für fehlende Co-Regulation deines Hundes. Was bedeutet es etwa für deinen Hund, wenn er in einzelnen Momenten des Tages sich selbst schlecht regulieren kann, oder vielmehr, was bedeutet es, wenn der Sozialpartner keine Co-Regulation vornimmt bzw. vornehmen kann? Es bedeutet für den Hund: Da ist keine Entspannung, keine Klarheit und damit keine Sicherheit. Da ist keine Form von klarer Gesprächsstruktur – oder soll ich gar sagen: Es gibt zu wenig Gesprächskultur! Heißt: keine Sicherheit, kein klarer Informationsfluss und damit kein Austausch.

Kommunikation als Basis für die Beziehung

Wie bist du in welcher Situation mit deinem Hund? Was empfindet dein Hund für sich und wie ist er dann mit dir? Kannst du seine Gefühle erkennen? Versuche, dich darin zu üben.

Die Beziehung zu anderen stellt immer eine Basis durch den Widerhall oder das Mitschwingen dar – für das eigene Empfinden in den Strukturen der Grundbedürfnisse und den sogenannten Basisemotionen.

Sie sind zu acht:

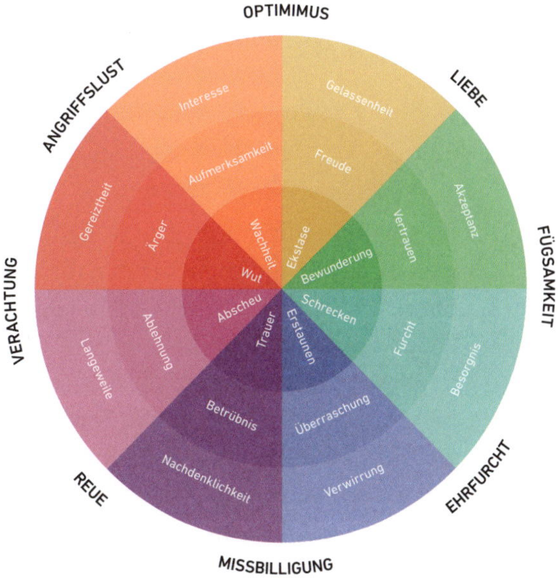

Man kann die Beschreibung, Wahrnehmung und Betrachtung von Gefühlen üben – mit Farben! Mit Energieformen! Mit Mimik und Gestik, Ausdruck, **also Energie und Bewegung.** In minimaler Form kann das jeder Mensch üben und lernen.

Wenn du dir ein paar Basisemotionen wie Wut, Freude, Trauer oder Bewunderung vorstellst und sie pantomimisch vor einem großen Spiegel zum Ausdruck bringst, kannst du dir langsam vorstellen, wie gefühlte Bewegung aussehen könnte. Gefühle in Mimik, Körperachse und Spannungen, und im Kontext zum Auslöser. Du bist gerade wütend auf den Spiegel oder freust dich sehr stark über den Spiegel, du bewunderst ihn, du bist traurig wegen ihm. Du würdest immer anders aussehen und dich sehr unterschiedlich im Raum und im Kontext bewegen.

Für welchen Hund und welchen Halter ist dieses Buch gedacht?

Ich glaube, es ist für jeden Hund und für jeden Hundehalter gedacht. Egal, ob Welpe, Junghund, sehr verspielter, positiver, erwachsener Hund, ob eckiger, ernster Typ, zurückhaltender, besorgter bis ängstlicher Hund, ob überforderte »Granate«, die jede Lücke in der Erziehung nutzt und die energievoll alles versucht alleine zu regeln.

Ich versuche mich zurückzuhalten mit den Beispielen zu schwierigen Hunden. Ich möchte die Grundprinzipien für jeden Hund und jeden Halter in den Fokus stellen. Ein klein wenig mehr im Kern der Beziehung und der »normalen« Situation der Erziehung verweilen, als zu sehr in die Therapie zu schweifen. Bleiben wir eher bei den gewöhnlicheren und somit von vielen Teams erlebten Momenten. Das Buch zur Therapie und Rekonvaleszenz folgt, lach.

Ich möchte mich aber auch in den Erklärungen zum Ausdrucksverhalten unserer Vierbeiner und zum Ethogramm[3] Hund zurückhalten. Ich empfehle unglaublich gern im Anhang die passenden Bücher, um das Lesen und Verstehen der Bewegung und des Ausdrucks deines Hundes als Gesprächspartner zu unterstützen. Ich beschreibe nicht ausschweifend das Aussehen eines demütigen, drohenden, imponierenden, ängstlichen Hundes. Ich werde es erwähnen und in Nuancen mit Illustrationen aufzeigen.

Schauspiel auf höchstem Niveau

Lass dich bewusst auf neue Rollen ein, werde noch empfänglicher für die dahinterliegenden Fragen: Wer bin ich für dich? Wie bin ich mit dir?

Ohne zu wissenschaftlich zu werden, zu sehr einzutauchen in die Psychologie, Soziologie, Physik und Biologie, nutzen wir einige bereits erschaffene Weisheiten und Bilder von großen Meistern. Heruntergebrochen, für dich verstehbar und freudig übertragbar in deinen Hunde-Alltag.

Die Rollen sind zu viert: Welche Rolle und welche Form von Einfluss hast du wann?

1. Kumpel: Im Einklang haltender, schwingender, zustimmender, spiegelnder Part. Energiefluss schwingt freudig oder gelassen hin und her = Nähe (dein Hund darf dir nah sein), mit der Aussage: »Lass uns zusammen Spaß haben!« Ich rege mich positiv auf.

2. Mutter: Versorgender, liebender, Wärme gebender Part. Energetische Tür auf = Nähe (dein Hund darf dir nah sein), mit der Aussage: »Ich tröste dich!« Wir entspannen zusammen. Ich rege mich positiv ab.

3. Erzieher: Sicherheit und Klarheit versprechender, entscheidender und regieführender Part. Energetische Tür zur Abgrenzung zu = Distanz (du hältst deinen Hund auf Distanz), mit der Aussage: »Das darfst du nicht!« Ich rege mich negativ auf.

4. Fels: Anwesenheit geben, ohne Energie zu arbeiten in das Gegenüber, das heißt, du bist in dieser Struktur sehr ruhig und hältst den Kommunikationspartner dennoch auf Abstand zu dir. Jeder Energiekreis ist kurz für sich = Distanz (du hältst deinen Hund auf minimale Distanz). Ein Innehalten und somit Festigen des Momentes im Kommunikationspartner. Mit der Aussage: »Ich halte dich! Entspanne einen Moment!« Ich rege mich negativ ab.

Du kannst dir vorstellen, dass in der Tierwelt das Thema »Welche Rolle / welche Persönlichkeit führt mit mir einen Dialog?« noch viel entscheidender ist als in unserer Welt. Wir alle wissen, dass Herkunft und Etikette unerheblich sind, ebenso wie, bedingt, Größe, Alter oder Geschlecht. Was ist sie denn dann, die große, tragende Rolle im Dialog unter Hunden bzw. zwischen Mensch und Hund?

Die Grundpersönlichkeit spielt eine tragende Rolle und ich finde das Persönlichkeitsmodell des Psychologen Hans Jürgen Eysenck für die Idee der Energiearbeit im Dialog Nähe vs. Distanz sehr passend. Diese Fragen dienen als Eckpfeiler des Modells:

Wer bin ich? Wie ist jetzt gerade meine Energie in mir, bin ich ruhig oder angespannt, und das auf meine Umwelt in einem Raum bezogen? Lasse ich meinen Hund jetzt zu mir, und wenn ja, wie bin ich dabei? Ruhig oder freudig? Lasse ich meinen Hund jetzt nicht zu mir und wie bin ich dabei? Ruhig oder verärgert? Eigentlich einfach in der Struktur.

Es gibt eine Grundpersönlichkeitsstruktur in dir, die ist genetisch, sie kommt also mit dir auf die Welt; ebenso verhält es sich bei unseren Hunden. Diese wirst du wahrscheinlich leicht ausüben können, du wirst dich wohl fühlen, es ist eine bekannte Struktur/Strategie.

Ich würde mich freuen, wenn du dich einlässt auf den Wandel und ein bisschen Schauspiel. Versuche dich später in den Übungen für Temperament und Schauspiel. Du wirst es mögen.

Bereits in der griechischen Antike erfasst, haben die vier Temperamente noch immer eine hohe Bedeutung in allen Wissenschaften, die sich mit den Bereichen Persönlichkeit und soziales Verhalten auseinandersetzen.

Charaktereigenschaften in vier Himmelsrichtungen

Wenn du dir die ganze Palette der Charaktereigenschaften anschaust, kennst du alle relevanten Adjektive für Per-

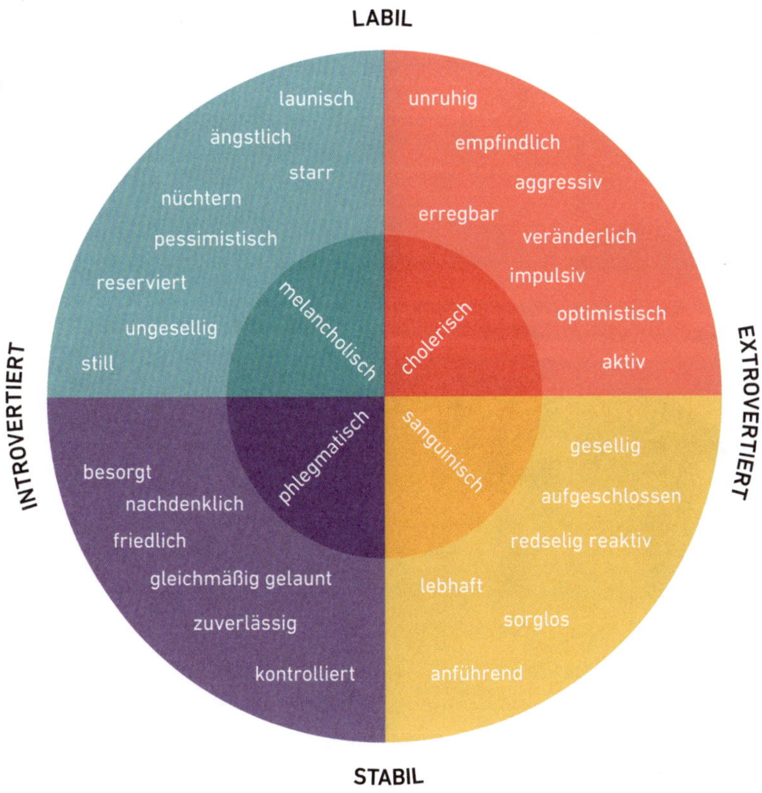

sönlichkeitsbeschreibung. Vielleicht treffen auch ein paar auf deine eigene zu.

Es ist anhand des Diagramms ganz gut zu verstehen: Hat ein Mensch von allen vier Charaktereigenschaften anteilig gleich viel, handelt es sich um einen ausbalancierten, sehr umgänglichen Menschen. Wenn die Eigenschaften sehr in Richtung der Pole verrutschen, wird es spezieller, und zwar für das Innen und das Außen. Also sowohl für den Menschen selbst als auch für sein soziales Umfeld.

Jeder Mensch ist hoffentlich mal cholerisch, also impulsiv, aktiv, wütend, veränderlich.

Und auch das Gegenteil (der Gegenpol): phlegmatisch, also nachdenklich, ruhig, besorgt, wartend.

Jeder Mensch ist mal sanguinisch, also lebhaft, redselig, sorglos, aufgeschlossen.

Jeder Mensch und jeder Hund ist hoffentlich mal cholerisch, phlegmatisch, lustig und melancholisch.

Und auch das Gegenteil: melancholisch, also reserviert, still, pessimistisch, ungesellig.

Es geht um die Balance für das gesunde eigene Ich und das gesunde bzw. »heile« Umfeld.

Jetzt kommen die Bewegung und die Energie ins Spiel, denn jeder Hund trägt diese vier Charakterzüge und drückt sie seiner Umwelt gegenüber aus – durch Bewegungsrichtung (Distanz und Nähe) und die Art seiner Bewegung (Energieform und soziale Zuversicht). Eigentlich ganz einfach ...

Die grundlegenden Fragen hierbei: WER bewegt sich im Dialog WIE WOHIN?

Es geht nicht um eine Analyse von dir als Hundehalter oder deinem Hund. Ich möchte deine Wahrnehmung für deine Art der Bewegung im sozialen Kontext schulen, und für deine Art des Fühlens bzw. Denkens in dieser sozialen Körperbewegung.

Hier tauchen wieder Emotionen auf, die jeder Hund und vor allem jeder Hundehalter empfindet, die jeder von uns als Aufregung/Stress und gesteigerte Gefühle kennt. JEDER MENSCH und JEDER HUND. Wir müssen sie nur entzaubern, als Erscheinungen wahrnehmen – und somit den Hund als SOZIALPARTNER verstehen und beantworten lernen.

Dies gilt immer, wenn ein Problem für deinen Hund markant wird oder sich zuerst zeigt. So, wie er die Dinge betrachtet, wertet und löst, lässt sich Folgendes wunderbar erkennen, ganz krass heruntergebrochen: Sucht er Nähe oder möchte er Distanz? Wie ist es um seine Zuversicht und seine innere Einstellung bestellt?

In dem Modell stellen Extraversion und Neurotizismus zwei der Dimensionen dar, die das Kernverhalten einer Person bestimmen.

Wer bewegt sich wohin? **Extraversion/Richtung/Bewegung:** innen oder außen, Nähe oder Distanz?

Extraversion, also soziale Bewegung, bedeutet im sozialen Bezug: Personen mit hoher Extraversion neigen dazu, gesellig, gesprächig, aufgeschlossen und ehrgeizig zu sein. GEHEN AUF DAS GEGENÜBER ZU, suchen NÄHE. Diejenigen mit geringerer Extraversion (Introvertierte) bevorzugen oft ruhigere, weniger stimulierende Umgebungen, sind im sozialen Bezug zurückhaltender.

Wer bewegt sich wie? **Neurotizismus/Energie/Stress/Aufregung.**

Neurotizismus, also Energie, Vibration, Angst, bedeutet im sozialen Kontext: Eigenschaften wie Angst, Depression, emotionaler Stress und Unsicherheit sind stark vertreten. Personen mit niedrigem Neurotizismus neigen dazu, ruhiger, emotional stabiler und widerstandsfähiger gegen Stress zu sein.

Die Darstellung der Bewegungsrichtung als intro vs. extra, offensiv vs. defensiv, Nähe vs. Distanz ist immer eine ähnliche Schablone und die Emotionen als Energieabstufung (siehe Gefühlsregler) begegnen dir immer wieder. Ein Ziel für dich könnte sein, mit diesem Buch deine Position, deine Bewegung zu ändern und das auf die Beziehung zu deinem Hund zu übertragen: mit den Schablonen Nähe und Distanz, hohe oder flache Energie. **Wenn dir das gelingt, bist du Meister darin, deinen Hund und dich zu verstehen – im Kern eurer Beziehung.**

Zwischen den Polen

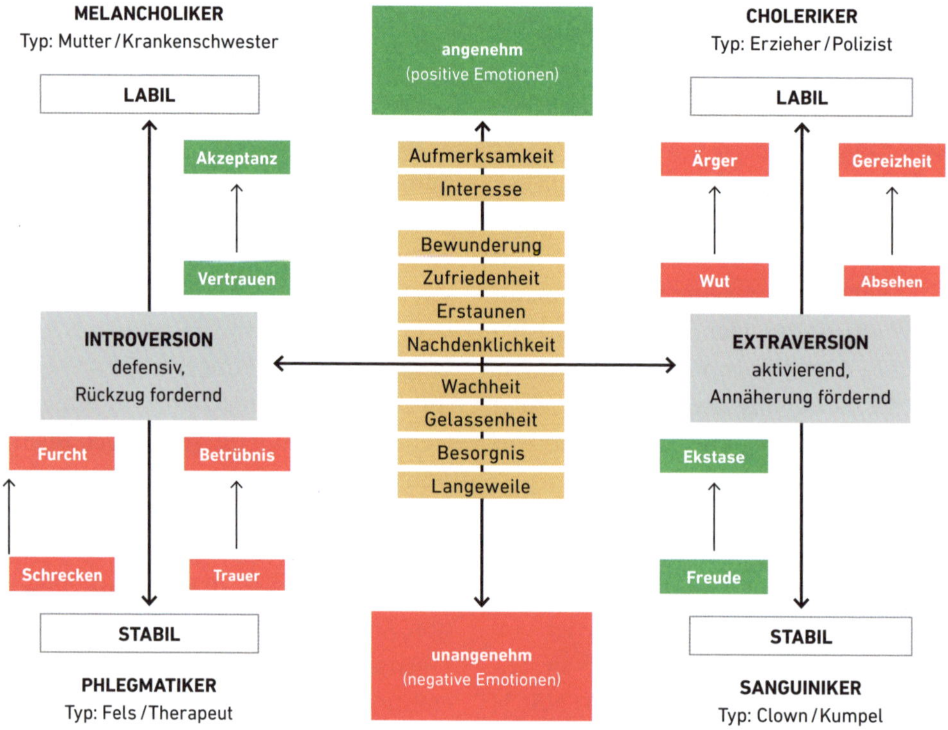

Schalttafel oder Fahrplan? Eine Darstellung, ein Versuch. Alles, was du fühlst, drückt eine Bewegung aus, lassen wir es nur am Rande so stehen.

Es bewegt sich alles zwischen euch beiden HIN UND HER, in der Bewegung seid ihr nah und näher, dann wieder distanzierter. Eigentlich ganz einfach ... Ein Fahrplan, heruntergebrochen, für solch hochkomplexe Lebewesen, wie Mensch und Hund es eben sind.

Eine kurze Exkursion in die Welt der Pferde: Der Philosoph Immanuel Kant hat diese Lehre in seiner *Anthropologie in pragmatischer Hinsicht* fortgeführt und den Temperamenten die vier Bezeichnungen

- leichtblütig,
- schwerblütig,
- warmblütig und
- kaltblütig

gegeben.

Vielleicht tat er es mit der Überlegung: Das Nervensystem ist auch ein Teil der Genetik. Was aber ja nicht bedeutet, dass ein Vollblut immer aufgeregt schnell oder ängstlich flüchtend ist bzw. das Kaltblut immer stoisch und unempfindlich, träge und unerschrocken. Aber man wird zu Recht Tendenzen vermuten und vorfinden. Ebenso ist es bei unseren Hunderassen und deren Urbestimmung: Wachen, Jagen, Hüten, Abwehren – all das ist auch angelegt im Stresssystem: Reizempfindlichkeit, Kooperationsstärke mit Menschen, *will to please*, Sozialkompetenzen bzgl. Angst und Aggression.

Die Beschreibung der Eigenschaften, die den verschiedenen Temperamenten zugeordnet wurden, entbehrt nicht einer gewissen Alltagserfahrung und einer Prise Humor, ihr verzeiht mir hoffentlich den ironischen »Rassismus«.

Der Sanguiniker (Labrador) sei »ein guter Gesellschafter«, aber »ein schlimm zu bekehrender Sünder«.[4]

Der Melancholiker (Berner Sennenhund) habe »die Fähigkeit zum Kuscheln und Trösten«.

Der Choleriker (Schäferhund) »macht gern einen großen Befehlshaber«.

Der Phlegmatiker (Bernhardiner) sei zwar »träge«, aber »kein Faulenz«. Er ist der Fels in der Brandung und hält viele Strömungen aus.

Und die schönste Sichtweise jetzt zum klärenden Abschluss: Die höchste Stufe der Lebensqualität, sofern man das so platt behaupten darf, ist es, wenn man regelmäßig alle vier Persönlichkeitstemperamente hat.

Wo stehst du in Sachen Nähe und Distanz? Vier Rollen, vier Hüte

Du trägst in jeder wachen, mit deinem Hund verbrachten Sekunde einen dieser vier Hüte. Du bist immer nähernd oder nicht, in einer bestimmten Absicht/Energie. Puh ... komplizierter Tobak. Wir lüften und untersuchen, immer und immer wieder.

Und hier die Hüte für die Hunde:

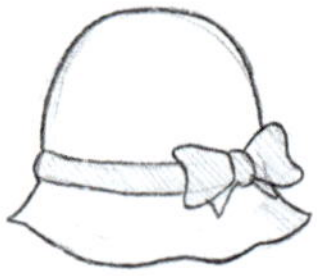

Melancholiker
Typ: Mutter / Krankenschwester
Hundetyp: Berner Sennenhund

Choleriker
Typ: Erzieher / Polizistr
Hundetyp: Schäferehund

Phlegmatiker
Typ: Fels / Therapeut
Hundetyp: Bernhardiner

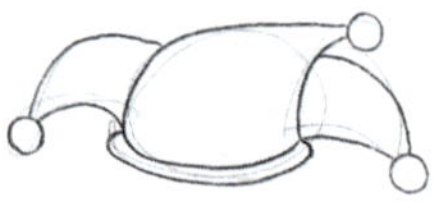

Sanguiniker
Typ: Clown / Kumpel
Hundetyp: Labi

Ich möchte mit dir die Wahrnehmung üben: Wer bist du wann aus den Augen deines Hundes? Er trägt seine Brille, die das System untersucht, in dem er lebt. Ganz wert- und gewaltfrei betrachtet er seine Familie mit der Frage »Wer ist wer?«

WER BIST DU? WER IST DEIN HUND?

Ich möchte dir später gerne Übungen zur Wahrnehmung zeigen:

- krass durchgreifend wie ein Schäferhund,
- witzig und respektlos wie ein Labi,
- ruhig und gelassen wie ein Berner Senne
- tröstend wie ein Bernhardiner.

Warum das Ganze? Wir alle neigen dazu, draußen der Schäferhund sein zu wollen, durch die Augen unseres Hundes betrachtet, und drinnen suchen wir im Gegenüber die Zuwendung vom Bernhardiner oder Berner Sennen. In Sachen Beziehung und Kommunikation bedeutet das: Wenn dein Hund ein Problem hat, bist du für ihn da, und wenn du und dein Hund unter euch seid, sprecht ihr über die Beziehung. Ich möchte, dass dein Hund weiß, wer du bist, wenn du für ihn interagierst. Sei alles abwechselnd für deinen Hund, genau im richtigen Augenblick.

Sei die angemessene Hilfe für deinen Sozialpartner Hund.

Wie seid ihr beide denn, du und dein Hund, wenn nichts los ist und keiner etwas von euch will? Welches Zusammensein führt ihr beide als Gruppe? Ich möchte dich inspirieren, dass du zurückfindest zu deinem Ursprung in deiner Biomechanik, zu Ausdrucksverhalten. Dass du reflektieren kannst, wie du häufig deinem Hund gegenüber agierst.

Die beiden »Temperamente des Gefühls« sind: Sanguinisch (freudiges Gefühl in dir) und melancholisch (du bist eher tröstend, mitfühlend oder traurig).

Die beiden »Temperamente der Bewegung« sind: Cholerisch (du gehst zielgerichtet nach vorne im Raum und auch in die Sozialpartner) und phlegmatisch (genau entgegengesetzt, du verweilst, hältst inne oder gehst nach hinten).

Wie nah seid ihr euch, du und dein Hund, in Momenten, in denen die Stimmung biologisch und psychologisch nicht ganz okay ist? Lass uns den beiden Parametern zwischen dir und deinem Hund auf den Grund gehen.

Erkenne deine persönliche Lieblingsstrategie

Jeder Mensch hat seine eigene Persönlichkeit und ganz viele Denkmuster und Strategien, die sich immer wieder zeigen. Und vielleicht gibt es auch ganz überraschend eine Strategie, die du für deinen Hund immer wieder wählst, aber sonst nicht im Alltag.

Dein Fokus liegt auf dem Dialog mit deinem Hund im Hier und Jetzt, in euren Bewegungen, ganz ohne zu große Probleme bei dir zuhause. Über die Übungen des Schauspiels und deine Wahrnehmung passiert bestimmt viel positive Auseinandersetzung.

Möchtest du üben, weniger zu reden und zu straucheln, mehr zu spüren, zu handeln und auszusagen? Lerne, dich mitzuteilen in der Welt des Ausdrucks, ohne ein Zuviel an akustischer Sprache und vergeblichem Verhandeln mit dem Hund, wie etwa »Mach mal Sitz, Hektor« in einer Situation, die gar nicht dazu passt. Ich möchte dir die Tür zum Verständnis darüber öffnen, warum uns der Hund für teilnahmslos, unbegabt oder hilflos hält. Woher sollen für ihn dann Respekt und Sicherheit kommen?

Wenn ich nur ein paar Wahrnehmungen verstärken kann in eurer gemeinsamen Bewegung, freue ich mich riesig. Etwa den sogenannten Kern eurer sozialen Beziehung, nämlich die Frage: »WER BIN ICH FÜR DICH?«, und dann: »WER DARFST DU FÜR MICH AB JETZT SEIN?« Wenn sich die Bewegungen zwischen dir und deinem Hund einspielen – zu dir kommend, Nähe suchend, von dir weichend, Distanz aufbauend, und das immer im Wechsel –, dann bin ich der glücklichste Mensch auf Erden. Wenn du deine Kraft in deiner Körperbewegung, deiner Ausstrahlung zurückgewinnst und damit deine Aussage aussprichst.

3. Methoden – Eine Situation, erzählt aus drei Perspektiven

Ich bin für Leichtigkeit und Erheiterung, für Selbstreflexion und Erkenntnis. Ich möchte in emotionalen Bildern und Geschichten erzählen und mit dir arbeiten. Ohne Blatt vor dem Mund werde ich sarkastisch, übertrieben und spitzfindig sein, um deine Gedanken und Gefühle anzuregen, zu erkennen und zu spüren, WORUM ES GEHT. Jeder Vergleich ist liebevoll und ohne jede Form von Wertung und Einstufung gemeint. Lass uns toben in Bildern, die wir gemeinsam in deinem Geist, deinem Herzen und deinem Körper erzeugen, die dir unsere tief in uns wohnende Idee von sozialer Nähe und sozialer Distanz zurückgeben.

Alle Widersprüche sind soziale Auseinandersetzungen und somit Kern unseres Lebens – und erst recht Kern unserer Beziehungen. Ich lade dich ein in drei sehr unterschiedliche Welten, drei Perspektiven auf das Thema soziale Bewegung mit- und untereinander.

Distanz und Nähe zwischen Mensch und Hund oder Hund und Hund, und das bereits erwähnte Mobile, was macht mein Verhalten mit dem Rest der Gruppe? Ich wähle beispielhafte Situationen aus deinem Mensch-Hund-Alltag, sowohl ernste als auch lustige. Beginnen wir mit: »Du kommst von der Arbeit nachhause.«

Wer Status nicht mit Macht verwechselt, kann eine Gruppe führen.

1. Die Hundewelt – zur Beobachtung

Cooper betritt durch die Haustür sein Zuhause. Der Rest der Gruppe erwartet ihn und reagiert mit leichter Freude und Erregung auf seine Ankunft. Cooper bringt zuerst wenig Energie auf, ist neutral entspannt und bleibt für sich. Er gibt jedem der anderen Hunde eine Chance, sich ihm zu nähern. Der Zustand, den die Hundegruppe gerade hat, ist ausgeglichen, jeder ist für sich okay, obwohl man sich geographisch tangiert.

Coopers Blick wendet sich dem Gegenüber zu, das heißt, sein Blick geht rein. Dann wendet er den Blick wieder vom Gegenüber ab, das heißt, sein Blick geht raus, wenn die Resonanz der Gruppe für ihn passt. Alles findet im leichten Wechsel statt, Cooper zieht die Schulter minimal hoch, stellt sich groß und klar dar, geht hocherhobenen Hauptes durch die Tür in den Raum. Für keinen Hund der Gruppe gibt es Zweifel daran, was für Cooper wichtig ist in diesem »kritischen«, aufregenden Moment. Das »Für dich« und das »Für mich« ist im Gleichgewicht. Geben und Nehmen sind im Gleichgewicht, ebenso wie Aggression und Demut, Ernst und Entspannung, Frage und Antwort.

Einen größeren Lehrmeister als Cooper könnte es für mich nicht geben.

Cooper hat eine Rolle in der Gruppe: als Lehrer, als Wissender/Weiser, als Vater. Er hat viel Selbstwert, sorgt für Klarheit, Ruhe, Entspannung und Sicherheit im Gegenüber, weil er sich mit der Gruppe verbindet. Wenn seine Regeln gelten, ist er ganz nah und sehr ruhig. Cooper führt das Gespräch und darüber die Regie im Raum.

Wenn Cooper sich gestört fühlt, hält er nur kurz die Luft an, ist der Abstand unmittelbar vergrößert, das Gegenüber befindet sich in Resonanz, es findet also ein kurzer Energieaustausch statt. Für das Luftanhalten benötigt Cooper kurz Spannung, also Energie. Diese wird in ihm aufgebaut, durch Adrenalinausstoß und Aktivierung des Sympathikus. Gedanken, Gefühle und Erregung werden, ausgedrückt in Mimik, Gestik und Bewegungsrichtung, zum Dialogpartner gesandt. Dann wird Distanz erzeugt, Cooper nimmt ca. 15 Zentimeter Abstand zu seinem Gegenüber ein.

Coop hat nun keine leckende Zunge mehr in seinem Gesicht, sondern leichte Bewegungsfreiheit nach vorne, läuft in Richtung Wassernapf, ist für sich wieder entspannt. Der Rest der Gruppe versucht, jeder für sich, zur Ruhe zu finden, und geht seinen eigenen Weg, jedes Gruppenmitglied ist sein eigenes, wertvolles, resilientes Ich. Alle nehmen einen Check-up der Grundbedürfnisse vor und sind erfüllt durch die gegenseitige Beziehung innerhalb der Gruppe. Jedem geht es gut durch die Fähigkeit der Abstoßung durch Cooper, ihre Leitfigur.

Wir werden mit Bildern arbeiten wie:

- »Tür zu« heißt: ein Gegenüber nicht mehr in der Bewegung in meine Richtung zu tolerieren;
- »Blick rein« bedeutet: Ich drohe leicht meinem Gegenüber, indem mein Blick streng dessen Bewegung stoppt;
- »Schulter hoch«: Wir stellen unsere Körperstruktur wie ein Türsteher vor der Disco dar;
- das »Für mich«: wenn du ganz klar bei dir selbst und dem Ziel bist, welches du für dich jetzt in diesem Moment hast; du tust etwas nur für dich, das baut deinen Selbstwert, deine Klarheit und gleichzeitig Überzeugungskraft für ein Gegenüber auf;
- »Ich nehme« bedeutet: Ich bleibe kurz bei meinem Bedürfnis und gehe für diesen kleinen Moment auf mich ein, nicht auf das Empfinden des Gegenübers;

- »Aggression höher«: meint und beschreibt die Energie in der Körperspannung, mehr nicht;
- »Ernst mehr«: also das Gegenteil von Spaß; wenn der Spaß eine kurze Pause macht, bist du auf dem richtigen Weg, vom Gegenüber ernst genommen zu werden;
- »Antwort deutlicher«: Auch wenn Fragen für mich selbst aufkommen, stelle ich diese nach hinten;
- »Wissender, Lehrer, Mutter/Vater«: der Erwachsene im Gespräch.

Coop sagt allen Gruppenmitgliedern, was notwendig ist für ihn, in diesem Augenblick. Er setzt die natürliche Grenze für sich und sein Wohlbefinden, nicht wegen der Aufgabe »Gruppenleitung«, sondern aufgrund seines Bedürfnisses. Hunde brauchen Grenzen, das ist nichts, was speziell für Welpen gilt, sondern für jedes Alter, und zwar auf Basis der Wünsche zweier Individuen. Coop setzt also die Grenze, beharrt auf Distanz von anderen zu sich. Das zeichnet ihn so stark aus.

Genug zum Idealbild. Nun werde ich zur Erkennung der Körperbewegung untereinander das plakativ schlechte Beispiel von Frau Müller und Lucky vorstellen, um dir und mir, uns allen, ein Lächeln ins Gesicht zu zaubern oder hin und wieder den Schrecken der Erkenntnis in die Glieder fahren zu lassen.

2. Der Familienhund – zur Analyse

Frau Müller kommt nachhause. Sie öffnet die Tür, drinnen schlägt ein – entschuldige die krasse Polarisierung – Labrador namens Lucky an und bellt, freudig aufgeregt, schamfrei und lustvoll, in diese Welt hinaus.

Frau Müller schiebt den ersten Fuß durch die Tür, der Labi schlägt wie eine Wucht in die abgekämpfte Frau Müller hinein. Sie hatte einen harten Tag, in der Hand trägt sie eine schwere Einkaufstüte. Lucky on top. Er legt die Vorderpfoten auf Frau Müllers Hüfte, schleckt ihr über das Gesicht. Es ist ihr nicht möglich, die Tüte abzustellen, sie hat keine Chance, den athletischen jungen Rüden irgendwie auf Distanz zu bekommen, kein Schimpfen, kein Kniehochziehen, kein Wegdrehen dieser Welt hilft.

Resonanz findet zwischen zwei völlig verdrehten Körpern statt, häufig mit einer irrsinnigen Form von Aushalten, Lächeln, Für-normal-Befinden auf Menschenseite. Darauf wird zu einem anderen Zeitpunkt ein übertriebener, unpassender Ärger folgen. Hier, an der falschen Stelle, bleibt Frau Müller im Frieden, und an der »noch falscheren« Stelle zieht sie mit dem jungen Rüden in den Krieg, etwa wenn er einen anderen Hund sieht und gar keine Möglichkeit zur Frustrationstoleranz und Impulskontrolle in seinem kleinen Gehirn findet. Auf gut Deutsch, steckt euch euer Nettsein, eure Toleranz an der falschen Stelle an den Hut, wenn ihr an anderer Stelle verändern wollt.

Wir begegnen uns immer in der Bilanz »Nähe und Distanz«.

3. Du & dein Hund als Gruppe – Zur Integration

Durch das Denken in Schablonen möchte ich hier Komplexes herunterbrechen und simplifizieren und somit einleuchtende Bilder bei dir als Leserin und Leser erzeugen.

Vor dem direkten Kontakt mit unserem Hund stellen wir uns mal bewusst die Frage: Wer bin ich? Es ist für die »Liebe in rückwärts«[5] für euer Gegenüber so wichtig, dass wir unser Ich klar spüren und wahrnehmen.

Die folgenden Abläufe mache ich fast schon unbewusst: Ich drehe meinen Schlüssel um, trete in den Raum, im Flur erwarten mich die Hunde, alle minimal aufgeregt und freudig in meine Richtung wollend. Die erwachsenen Hunde sind aktiv demütig, himmeln mich an, sind eben die Dramaqueens, wie Hütehunde so sind, die leichte Erregung begleitet unser Zusammenkommen. Die Jugend steht in stärkerer Auseinandersetzung mit sich selbst oder mit einem Hunde-Gegenüber, auch mal kurz mit mir.

Noch eine Pfote mehr an meinem Oberschenkel, und ich werde doch genervt, weil beeinträchtigt in meiner Freiheit und Bewegung. Mehr stört mich inhaltlich gar nicht. Sie sind alle leicht unterwürfig, alle sehr aufmerksam und ein bisschen in Halbachtstellung, was meine Wünsche in der Situation angeht.

Wenn ich mal möchte, kann ich mit meiner Reaktion Glück und Partystimmung auslösen. In der Regel aber richte ich in aller Coolness ein innerliches »Ich liebe euch auch« an meine Hunde, gehe meinen Weg durch das Haus und kümmere mich um meine Bedürfnisse.

Sich gegenseitig zu spüren, heißt, nicht dauerhaft zu korrigieren.

Dies sind die drei Möglichkeiten für mich, auf den Empfang meiner Hunde zu reagieren:

1. Ich lasse Partystimmung und körperliche Nähe zu: »Komm zu mir, wenn du mir gerade nah sein und mit mir Party machen möchtest.«
2. Ich gehe entspannt meinen Weg und signalisiere den Hunden eine Ausgewogenheit von Nähe und Distanz: »Wir sind alle fein miteinander, jeder für sich und miteinander räumlich im Einklang.«
3. Ich gehe stark auf Distanz, da ich gestresst, vollgepackt mit schweren Taschen bin, womöglich mit dreckigen Schuhen, nassgeregnet, durchgeschwitzt, wie auch immer: nicht gut drauf. Meine Reaktion auf die Hundebegrüßung ist also leicht offensiv und aggressiv ausgeführt: »Geh weg von mir.«

Alle drei Möglichkeiten finden, je nach meinem inneren Zustand und meinem jeweiligen Bedürfnis, bewusst statt, dabei liegt das Bewusstsein bei dem, was ich selber möchte und darüber zulasse.

4. Die Bedeutung von Nähe und Distanz – Das eine nicht ohne das andere

Emotionale Nähe zwischen Mensch und Hund – Bedeutung und Wirkung

Eine physikalische Betrachtung: Um sich gegenseitig anzuziehen, bedarf es einer Menge Energie.

Ich möchte euch das Prinzip der Anziehung am Beispiel von Magneten veranschaulichen. Ursprünglich entstanden natürliche Magnete über den Vulkanismus, also durch eine sehr geballte Form der Energie. Der Magnetismus zeigt sehr schön die Beschaffenheit von Polen und Gegensätzen. Jeder Magnet beinhaltet die gleiche Energie: Auf der einen Seite sitzt der Pluspol, auf der anderen der Minuspol. Dieser Gegensatz führt zu der charakteristischen Anziehungskraft. Auf unser Mensch-Hund-Verhältnis übertragen, bedeutet das: Es ist wichtig, dass wir uns im Klaren darüber sind, welcher Pol wir selbst sind und welcher Pol der Hund ist. Dieses Bewusstsein bildet die Basis für unser Miteinander. Und damit dieses Miteinander funktioniert, sind wir gewillt, Energie für die Beziehung aufzubringen. Energie in Form von Emotionen.

Schon der US-amerikanische Psychologe Marshall B. Rosenberg hat vor vielen Jahren in seinem Werk *Gewaltfreie Kommunikation* die wirklich entscheidende Behauptung aufgestellt: »Liebe ist kein Gefühl«. Und wenn ich sage: »Zum Glück«, dann deshalb, weil sich Gefühle in einem gesunden Organismus etwa alle neunzig Sekunden abwechseln. Neunzig Sekunden!

Jede emotionale Energie braucht nur einen kurzen Augenblick, um in den Körper zu gelangen, über den Blutkreislauf durch ihn hindurch- und hinauszufließen. Wer beispielsweise länger als neunzig Sekunden wütend bleibt, hängt Gedanken an, die ihn in der Wut halten. Dieses Gefühl steckt dann im Körper fest.

Liebe und Beziehungen halten idealerweise länger an. Wie lange die Liebe in einer Beziehung erhalten bleibt, sei mal dahingestellt. Wie viele über lange Jahre funktionierende Beziehungen kennst du? Was braucht es hierfür? Und was genau für ein Gefühl könnte Liebe dann sein?

Nehmen wir einen sehr übertragbaren Part aus dem Humanbereich: Wenn zwei Individuen sich ehrlich über ihre Vorstellungen und Absichten austauschen, wäre der formale, aber tiefe Kern der Mensch-Hund-Beziehung erfüllt. Wenn dieses glückliche, warme, verbundene Gefühl sich möglichst oft auf beiden Seiten zeigt, dann bildet das den emotionalen Kern der Beziehung. Die soziale Nähe.

Als Hundehalter hast du exakt fünfzig Prozent Anteil an der Mensch-Hund Beziehung. Wenn du nach einem anstrengenden Tag die Haustür öffnest, kann es gut sein, dass du dies mit folgender Botschaft tust: »Ich konsumiere jetzt keine Zuwendung und Nähe, also Liebe, und auch keine Aufregung und Energie, also Glück.«

Die anderen fünfzig Prozent deiner Beziehung stehen hinter der noch geschlossenen Haustür und haben eine biologische Brille auf, für diese Situation und die kommenden 50.000, in den Parametern Nähe und Distanz: Wer, wann und wie, wo in Bezug auf wen?

Ich bin jetzt kurz fies, jeder zweite Hundehalter kommt aus einem sozialen Alltag (Arbeit, Büro, Straßenverkehr, Einkaufen, Telefonieren mit Familienmitgliedern ...), der für eher schlechte Gefühle gesorgt hat. Er ist nicht gut emotional versorgt, mit diesem Defizit an guten Gefühlen steht der Hundehalter, bereit für seine Therapie, vor der eigenen Haustür und möchte versorgt werden mit: Glück, Freude, Verbundenheit, Liebe, Entspannung und Sicherheit, mehr nicht. Der Mensch nimmt emotionale Hilfe von seinem Hund an – und was ist mit ihm, dem jugendlichen, heranwachsenden Hund, der seine Grenzen in seiner biologischen Welt sucht? Der wäre so dankbar und so glücklich, wenn viele Hundebesitzer zurückfinden könnten zur Wahrnehmung und Erkenntnis ohne Fleischwurst und »Mach mal Sitz«.

Verbundenheit braucht Ordnung, im Sinne von Klarheit und Struktur. Wir üben Klarheit für einen guten Zweck, für die bestmögliche Mensch-Hund-Beziehung und für einen seelisch gesunden Sozialpartner Hund. Klarheit und Struktur fehlen den Hunden in unserer Zivilisation oftmals.

Und wie kommunizieren wir diese so wichtige Klarheit?

Körperlicher Dialog zwischen Mensch und Hund im / über den Raum

Durch den körperlichen Dialog könnt ihr, du und dein Hund, in einfachen Bildern völlig neue Formulierungen finden, ganz ohne gesprochene Sprache. Dies kann der Anfang einer Reise in eine fantastische Kooperation und sehr enge Beziehung sein. Und eine Reise ins eigene Bewusstsein, Bedürfnis und Empfinden.

Lerne während dieser Reise, Widersprüche wahrzunehmen und zu schätzen. Paul Watzlawick ermuntert mit seinem Satz »Die Lösung ist immer der beste Fehler« dazu, Widersprüche und Pole zu betrachten und mit ihnen arbeiten zu lernen.

Alles liegt in euch, alles liegt in dir. Wir übertragen all die möglichen Widersprüche später noch sehr detailliert in deinen Alltag, und zwar in Bezug auf Vorstellungen und Absichten.

Hingabe und kolossale Nähe als das wertvollste Füreinanderdasein in einer intakten Beziehung.

Wie kannst du Nähe und Distanz noch erkennen, definieren, verstehen und spüren? Wo entsteht Energie? Zwischen den Polen / zwischen den Widersprüchen:

- Tür auf – Tür zu
- Blick raus – Blick rein
- Schulter runter – Schulter rauf
- Einatmen – Ausatmen
- Für dich – Für mich
- Geben – Nehmen
- Demut – Aggression
- Freude – Ernst
- Frage – Antwort
- Wissender – Verstehender
- Lehrer – Schüler
- Mutter – Kind

Ich werde die Pole / die Widersprüche zur Erläuterung eurer Beziehung nutzen. Ich möchte, dass du ihren Kern in Bildern und Momenten erfassen und nachempfinden kannst, trotz hoher Komplexität. Wir betrachten gemeinsam die Ausdrucksweisen von Menschen und vor allem von Hunden und geben ihnen neue Bezeichnungen. Wir verwenden dabei Metaphern, um dich mit deinem Hund auf die Reise der Kommunikation und der Beziehung füreinander vorzubereiten.

Distanz erzeugt Nähe – Widerhall und Gegenbewegung oder: die Gesetze einer Gruppe

Nähe ist kein Werkzeug, sondern ein Ergebnis. Dieser Satz ist die wichtigste Information dieses Buches. Vielleicht kaust du mal ein paar Minuten darauf herum. Was sagt er aus? Übertreibst du mit deinem Angebot von Nähe, Zuneigung, Liebe und Lob?

Betrachten wir es einmal: Mein persönlicher großer Lehrmeister Coop wird in einigen Hundewelt-Beispielen dieses Buches eine große Rolle spielen. Er hat mir gezeigt, was es heißt, Verantwortung zu übernehmen. Durch ihn durfte ich Führung und Anziehung erleben und genießen. Ein ganz Großer auf der Bühne dieser Geschichte. Ich erkläre dir das Konzept Verantwortung und Führung an dem Beispiel Widerhall:

Cooper betritt sein Zuhause und der Rest der Gruppe erwartet ihn und möchte gerne in seine Nähe.

Cooper ist neutral entspannt und lässt das »Fußvolk« in seine Nähe. Innerhalb der Gruppe spürt man Empathie, Gelassenheit, Toleranz, wahre Stärke, viel Selbstvertrauen und viel Selbstwert.

Coops Ziel ist es, hineinzugehen in seinen komfortablen Raum. Die Gruppe »Fußvolk« hat das Ziel, den »Halbgott« kurz zu kontaktieren und in aktiver Demut seine Loyalität unter Beweis zu stellen. Dabei freuen sie sich, dass endlich etwas passiert. Sie agieren dabei immer mit der Bereitschaft, auch wieder auf Distanz zu Coop zu gehen. Der wiederum ist unendlich gnädig, angemessen freundlich, wohlwollend und doch so arrogant bei sich, dass man Lust hätte, er zu sein.

Der Widerhall im Raum ist deutlich zu spüren, die Eigenschaft der Selbstgenügsamkeit einer Leitfigur macht diese unfassbar anziehend. Ein Hund, der sich sehr bewusst um sich kümmert, ist genau deshalb der wichtigste Part der gesamten Gruppe. Wenn Coop nur die Luft kurz angehalten und damit die Energie im Raum verändert hat, war der Abstand unmittelbar vergrößert, die anderen Hunde traten in Resonanz, ein Energieaustausch fand statt. Dies als Einstieg in den räumlichen Dialog.

Nur über die Klarheit und Ruhe – das Bewusstsein – nimmt Coop den Raum ein.

Wenn ein starker Hund die Energie für einen guten Zweck verschwendet, dann für die Gruppe und für sich.

Lass uns nun mit Coop einen Ausflug in die Materie der **Widersprüche und Polaritäten** machen.

- **Tür auf – Tür zu:** »Tür auf« bedeutet, die anderen Hunde oder Menschen dürfen sich nähern, Coop lässt Türen zum Miteinander bewusst geöffnet. Schließt er eine Tür, bedeutet das Distanz.
- **Blick raus – Blick rein:** Sozial betrachtet hat der direkte Blick einen sehr hohen Wert. Wenn Coop bewusst den Blick herausnimmt, bedeutet das Nähe; nimmt er den Blick wieder hinein, bedeutet das Distanz.
- **Schulter runter – Schulter hoch:** Mit entspannter Muskulatur ist Coop offen für Nähe. Zieht er seine Schultern in die Höhe, macht er sich groß, sorgt er für eine Türsteher-Optik, baut er Distanz auf.
- **Einatmen – Ausatmen:** Mit bewusster Atmung kann ich Signale für Distanz und Nähe senden. Nur über die Atmung kann ich sogar die Parameter des Neurotizismus verändern. Das Nervensystem ist nämlich ganz und gar mit unserer Atmung verknüpft und wird von ihr beeinflusst. Ruhiger Atem bedeutet somit viel Nähe, und der impulshafte oder angehaltene Atem bedeutet, wie wir in dem Beispiel oben mit Coop und seinem Rudel gesehen haben: Achtung, geh auf Distanz.
- **Für dich – Für mich**: Wenn Coop einem jungen Hund in seiner Gruppe gegenüber Nähe zulässt und damit ein »Für dich« signalisiert, bedeutet das für den jungen Hund, dass er sich wohl und zugehörig fühlt und Coop aus der Nähe kennenlernen darf. Das »Für mich« bedeutet Distanz und Pause, wenn Coop das Abschlecken und die Nähe in seiner eigenen intimen Zone als zu viel empfindet. Dann sorgt er für sich und für Distanz zum Gegenüber.
- **Geben – Nehmen:** Geben heißt, dem anderen etwas zukommen zu lassen, etwa in Form von *körperliche*r *Nähe,* und etwas an Energie und eigenem Bedürfnis abzugeben. Sich Raum zu nehmen, heißt, auf sich zu achten, sich selbst in diesem Moment wichtig zu sein, dem anderen eine Grenze zu setzen, Distanz aufzubauen. So wie Coop es im obigen Beispiel auf ganz natürliche Weise, seiner Natur entsprechend, tut. Ich beschreibe euch Bewegung und Stimmung von Cooper in Bezug auf andere Mitglieder seiner Gruppe.
- **Demut – Aggression:** Demut heißt, den anderen nah heranzulassen und zu akzeptieren, dass er emotional das Gespräch führt. Ich bin so nah, wie ich sein darf. Aggression bedeutet, ich bestehe auf Distanz, ich besorge mir Distanz, ich benötige Distanz für mein Wohlbefinden, meine Sicherheit, um entspannt sein zu können.
- **Freude – Ernst:** Freude ist sozial nah, hier springt der Funke über, von Indi-

viduum zu Individuum, von Organismus zu Organismus, als wäre keine Haut dazwischen, keine Trennung der Materie, schön zu beobachten bei kleineren Kindern. Ernst bedeutet Distanz, ich trete in ernsten Dialogen nicht mit meinem Gegenüber in Verbindung, da springt der Funke eben nicht über, sondern verbleibt im eigenen Inneren.

- **Frage – Antwort:** Die Frage ist die Zuwendung, also Nähe. Kannst du dir vorstellen, dass junge Hunde sich häufig erwachsenen Hunden nähern mit Fragen im Gesicht wie: »Darf ich?«, oder: »Möchtest du auch, dass ich mich nähere?« Coop hingegen spricht häufig die Antworten aus, sagt Ja oder Nein zur Frage nach Nähe. Er antwortet häufiger, als dass er fragen würde.
- **Wissender – Verstehender:** Das Konzept von Frage und Antwort ist unmittelbar mit dem vom Wissenden (Distanz) und Verstehenden (Nähe) verknüpft. Du kannst der Spur jetzt folgen.
- **Lehrer – Schüler:** Der Lehrer hält die Distanz, der Schüler ist idealerweise nah. Das und auch der nächste Passus ist absolut abhängig vom Alter des Schülers und Kindes, meint aber natürlich auch den Entschluss und das Bewusstsein für Nähe oder Distanz. Jeder Lehrer benötigt eine Pause.
- **Mutter – Kind:** Entsprechend braucht jede Mutter einen Moment für sich.
- Kannst du bereits einige dieser Bilder begreifen? Wir werden üben, sie zu übertragen, auf den Dialog zwischen dir und deinem Hund, in der puren Bewegung der Biomechanik und in der inneren Einstellung, sprich in Beweggründen und Emotionen. Wir werden Dialoge für eure einmalige Beziehung finden.

5. Bewegung ist immer – Kommunikation ist immer

Wie viel Bewegung ist im Raum?

Bevor wir uns die Frage zur Beziehungsqualität, »Wer bewegt wen?«, stellen, möchte ich gerne mit dir der Frage nachgehen: »Wie viel Bewegung ist überhaupt im Raum?« Paul Watzlawick, amerikanischer Kommunikationswissenschaftler, wird seit vielen Jahren vielfach von mir zitiert. Die fünf Axiome des Psychotherapeuten und Philosophen sind im kommenden Kapitel alle kurz erwähnt.

Kurz zum Ausspruch: »Man kann nicht nicht kommunizieren« – derbe umstritten in der Welt der Wissenschaftler, für unsere heruntergebrochene Sichtweise mehr als zutreffend. Für Watzlawick und gute Hundemenschen gilt:

- Soziales Handeln ist mit der Kommunikation gleichzusetzen.
- Kommunikation ist gleichbedeutend mit »Verhalten jeder Art«.
- Als Sozialverhalten versteht man das wirkende Verhalten auf andere Organismen.
- Wenn der Ablauf der Handlungen an und gegenüber anderen gemessen wird, ist die Rede von sozialem Handeln.
- Handeln ist gleichbedeutend mit Verhalten.

Folgerichtig sagt Watzlawick, dass man sich nicht nicht verhalten kann und immer auf irgendeine Art und Weise mit seiner Umwelt interagiert. Das bezieht sich zu 100 Prozent auf kleine, geschlossene Systeme wie Menschenfamilien grundsätzlich und erst recht auf solche mit Hunden.

Der kleine Kosmos von dir und deinem Hund oder deinen Hunden bedeutet für die Vierbeiner die ganze Welt, darüber sind sich viele Hundebesitzer im Klaren. Doch wie kann ich diese Welt besonders aus seinen Augen zu betrachten lernen, mitsamt den dahinterliegenden sozialen Phänomenen. Diese tiefliegenden Bindungs- und Beziehungsmuster, sind für uns alle von Bedeutung, Menschen wie Hunde. Wir existieren in sozialen Verbänden von in der Gruppe lebenden Säugetieren. Du sprichst nicht nur in Worten zu deinem Hund, sondern auch über dein Verhalten im Raum, mit deinen jeweiligen Antworten auf das Nachfragen deines Hundes.

Aus dem DU und dem ICH wird so das WIR.

Wenn wir den Raum dreidimensional betrachten, liegt immer eine Form von Bewegung vor, da sich jedes Individuum als eigenständiger Organismus verhält und in einem Raum im Kontext mit den anderen Mitgliedern steht.

Jeder einzelne lebende Part besitzt seinen energetischen Kontext, auf den Raum und auf alle Anwesenden bezogen, auch ganz ohne Bestandteile von Aggression.

Das Baden in einer ruhigen Hundegruppe ist das schönste, wertvollste Geschenk für die Mühe bzw. Reibung, die nötig ist, um dorthin zu gelangen.

Du bist die Familie für deinen Hund. Das ist doch wundervoll. Und du und dein Hund, ihr seid immer im Austausch übereinander und miteinander, und auch gegeneinander, wenn ihr unterschiedlicher Meinung seid.

Ich sitze am Schreibtisch und tippe, in letzter Zeit häufig in ungewohnt langen Phasen. Meine Hunde sind wie immer in meinem unmittelbaren Raum, also so verbunden, wie es geht. Und jetzt kommt der springende Punkt: so nah, wie mein Zustand es gerade möchte.

Was hat mein Zustand mit der Nähe meiner Hunde zu mir tun? ALLES!

Mein Nervensystem ist angeschaltet, sonst würde ich nicht die virtuose, chaotische Soße hier abgeben können, mein Gehirn, meine Gedanken laufen auf Hochtouren, ich tauche in leicht erregtem Arbeitszustand in die Bilder, Worte und Wege ein, um dir die Welt des Miteinanders mit deinem Hund verständlich zu vermitteln. Ich bin also auch ein bisschen angestrengt und »angeschaltet«, es ist kein kuscheliger Zustand. Die unterschiedlichen Zustände sind unsere Metakommunikation untereinander mit Menschen, Hunden, Pferden, Ziervögeln, Meerschweinchen …

Mein Spannungsfeld lässt die Dynamik zwar weg, da ich sitze und nur Geist und Hände auf der Tastatur, nicht auf dem Hund, bewege, aber ich bin erregt, also in Leistung mit mir, bei mir und für mich da.

Ich bearbeite so auch den Raum um mich herum, mit allen sozialen Lebewesen, die sich gemeinsam mit mir in ihm befinden. Wir sind in einem permanenten Energie- und Raumaustausch. Will heißen:

- Wer ist wann wo?

Und vor allem:

- Wer ist wie?

Läge ich jetzt, statt am Schreibtisch zu sitzen, auf der Couch und würde Netflix mit meinen Kindern schauen, wären die Hunde, alle ihrer Komfortzone entsprechend, sehr nah.

Ich wäre in diesem Moment sehr nahbar, da sehr wenig erregt. Ich wäre ruhig, zufrieden und kuschelig, bereit für taktilen, fühlbaren, nahen Körperkontakt. Meine Außenhaut wäre ohne Vibration. Verstehst du dieses Bild?

Vibration kennt jeder von uns in sehr unterschiedlichen Situationen und Momenten des Alltags und ehrlicherweise seinen ureigenen Symptömchen entsprechend:

Was regt dich an? Was regt dich auf? Was kannst du schlecht (aus-)halten? Ich möchte nur eine Anregung zum Nachdenken mitgeben: Wer unter uns kann gut mit Trauer oder Schmerz umgehen für sich selbst oder für ein Gegenüber, und was ist eine häufige Reaktion, wenn ich mich verletzt fühle? Ich werde gestresst oder wütend.

Häufig regen wir uns auf, weil andere schlechte Gefühle wie Schmerz, Angst und Trauer weggedrückt werden wollen, daher ist die Aufregung nicht das ursprüngliche Gefühl. Ohne zu sehr in die Psychologie zu rutschen, der Umgang mit aversiven Gefühlen ist schlecht geübt und wurde häufig schlecht versorgt.

Bleiben wir beim Konzept des Raumes und der stets darin stattfindenden Bewegung = Verhalten = Kommunikation = Beziehung.

Ich kann Ja und Nein zu meinem direkten Bereich sagen und werde darüber fantastisch verstanden bis verehrt.

Die positive Vibration löst das Flirten und Kuscheln ganz reizend und reizvoll für mich und meine Hunde aus.

Achtung, sie küssen meistens mit Zunge.

1. Die Hundewelt – zur Beobachtung

Meine Hundegruppe ruht, döst und hatte noch keinen Rudelspaziergang, ist also körperlich nicht ermattet. Alle dösen, keiner ist im Tiefschlaf und keiner richtig müde. Die älteren kennen den Gruppenzusammenhang und halten sich an territoriale und soziale Mechanismen untereinander, haben ausreichend Gleichmut und Resilienz, auch ohne Erschöpfung zu ruhen.

Nicht so die Jugend, ein Naseweis ist ja immer an Bord. Er möchte unbedingt Erfahrungen sammeln, um sich zu einem guten Mitglied dieser kleinen Gesellschaft zu entwickeln. Er tapert herum, weil ja gerade nix los ist, mit Langeweile umgehen kann er noch nicht, er kann nicht nichts tun. Er tapert also im Raum herum, zu Beginn noch ohne Kontakt zu den erwachsenen Hunden, in der unbelebten Umgebung frohlockt aber keine Interaktion, also kehrt er zum sozialen Netzwerk zurück und legt sich in die Nähe eines erwachsenen Hundes. Er wanzt sich näher heran, klar hierarchisch, Lefzen leckend, sich in Bodennähe robbend, niedlich schauend, buhlt er um Interaktion.

Er landet bei Coop, Lernen an höchster Stelle. Der signalisiert: Ich halte dich auf Distanz, weil du überspannt bist, aufgeregt, zielgerichtet, du willst etwas von mir. Es folgt ein minimales Lefzenhochziehen und Knurren seitens Coop, relativ bald dann Stufe 2–3: »Du bist mir zu nah!« Er schnappt, wird impulsiv: »Hau ab!«

Natürlich imponiert das Drohen und zeigt seine Wirkung beim jungen Hund. Der ist erst mal verdattert, geht auf Abstand, schaut leicht nachdenklich in die Welt (hier an dieser Stelle sehen Hunde immer leicht betrunken aus, achtet mal drauf ☺). Er schüttelt sich, zieht leicht irritiert durch den sozial belebten Raum weiter und nähert sich vorsichtig einem anderen erwachsenen, dösenden Hund, diesmal mit weniger aktiver Demut, also weniger initiativ. Der Jüngling zeigt leichte Züge von Bereitschaft, auch wieder auf Abstand zum erwachsenen Hund zu gehen, wird in die Nähe gelassen, fühlt sich wohl, atmet aus, gehört zum Verbund, zur Gruppe, hat Familie, fühlt sich also geborgen und sicher. Er döst nun mitten in der Gruppe, *part of the gang.*

2. Der Familienhund – zur Analyse

Nun zum jungen Lucky und seiner Zeit von »Es ist nichts los *in the hood*«: Geschlafen hat er genug, die Blase ist leer, er war im Garten, hatte Frühstück, und nun möchte Frau Müller kurz in Ruhe die Zeitung lesen und ihren Kaffee trinken, bevor es zum Spaziergang losgeht.

Da kommt Lucky Initiative zeigend an und drückt sich aktiv demütig an Frauchen, macht einen Bin-ich-nicht-süß-Gesichtsausdruck. Das Augenrollen und Lefzenlecken spart er sich mittlerweile schon durch die Erfahrung der bisherigen Nähe-und-Distanz-Gespräche. Er wird geliebt, also gestreichelt. Und zwar ehrlicherweise immer zuhause in seinen eigenen, Nähe aufsuchenden Sequenzen. Den Zaunpfahl erkennst du, oder? Kannst du den um Zuwendung bittenden Augen im kleinen, runden Gesicht dieses Zwergs widerstehen?

Um in polaren Bildern zu bleiben, kommt hier eine etwas härtere Erklärstruktur für den guten Zweck. Auf die eben beschriebene Weise wirst du a) immer mehr zum Butler deines Hundes und b) dieser womöglich unnötig aufgeregt, dauergestresst, unaufmerksam.

Wir fokussieren:

- Wer ist wann wo?

Und vor allem:

- Wer ist wie?

Nicht, dass du denkst, dein Welpe darf so nicht zu dir sein – ich möchte, dass dir bewusst ist, wer gerade welche Energie in wessen Richtung arbeitet. Wo ist dein Welpe in Bezug zu dir und wie ist er zu dir? Es darf und soll genauso regelmäßig sein.

Hier ein typischer Ablauf dieser Sequenz mit einem kleinen Welpen:

- Du sitzt für dich und bist ganz bei dir, in deinem eigenen Raum.
- Der Welpe kommt in deinen Raum hinein.
- Er ist kolossal unruhig, also erregt, angespannt, zielgerichtet. Er schießt seine Energie praktisch aus seiner Außenhaut heraus, raumvibrierend, man sieht beinahe kleine Loderflammen um den Zwerg herum. Die pure Energie.
- Du bejahst den Übergriff: »Wie schön, dass du mich liebst, ich habe dich auch lieb.« Also Nähe befürwortend, bejahend, bestätigend, belohnend. »Ja, ist ja gut, du bist aber ganz schön aufgeregt ...«
- Auf den Thron mit diesem kleinen Welpen. Er beherrscht den sozialen Raum dieser Gruppensequenz.

Und das wiederholt sich ständig, wenn der kleine Welpe wach ist, Blödsinn macht und energetisch explodiert, also zwei Drittel seines wachen Zustands. Du lässt ihn in deine Nähe, und zwar nicht moduliert, sobald er bedürftig erscheint.

Lass ihn auch mal so richtig
ausflippen, oder eben nicht.
Nur habe ein Gefühl für euch beide.

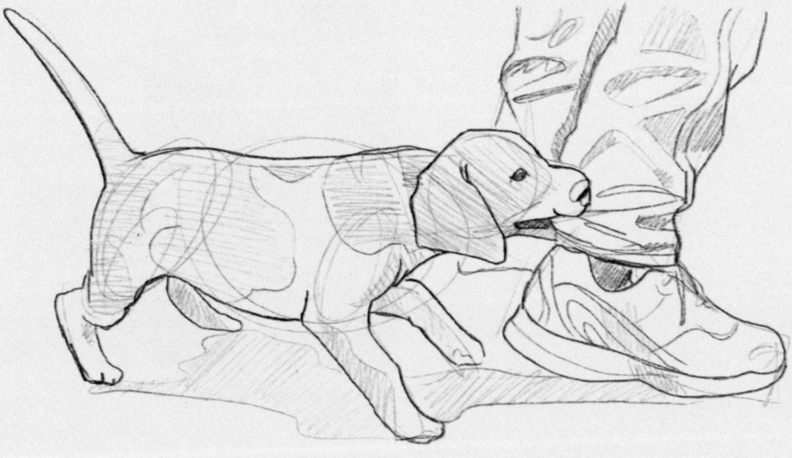

3. Du & dein Hund als Gruppe – zur Integration

Selbst wenn ich mit dem Raum der gesamten Hundeschule arbeite, auf offener Wiese, und in diesem Zirkusfeld die jüngeren Hunde alle situativ aufgeregt sind, begegne ich jedem einzelnen Individuum mit dem Bewusstsein für uns beide. DU und ICH.

Das »Sei so« möchte hier an dieser Stelle aussagen, dass viele Hundehalter ihre Schützlinge so expandieren und herumflippen lassen, dass es einen fatalen Rollen- und Aufgabentausch aus der Sicht des jungen Hundes zur Folge haben muss: »Niemand kümmert sich!« »Niemand ist zuständig!« Die fehlende räumliche Regieführung hat leider zur Folge, dass wir diese kleinen Welpen

Immer liegt die Entscheidung bei mir: Wie viel Energie in mich? Kommt ein Welpe angestürmt und springt hoch, oder auch, wenn er nicht springt, piepegal – er ist aufgeladen und kommt in meinen Raum hinein –, sende ich niemals unbeteiligte Signale mit dem »Sei so«.

viel zu oft alleine expandieren, sich bewegen, sich beunruhigen lassen – heißt sich selbst überlassen.

Mein Reflexverhalten sieht so aus, dass ich bei kleinen, unschuldigen, aufgeregten Hunden in das Halsband greife und jedem auch noch so fremden Hund erkläre: »Versuche es anders in meiner direkten Nähe!« Ich strafe dabei nicht für Fehler, sondern ich mache Vorschläge und moduliere freundlich, liebevoll, helfend den Kontakt. Wenn jemand zu mir kommt, also zu mir möchte, ist er in meine Privatsphäre eingedrungen.

Daher ist es das Minimum an Anstand, mich zu fragen, wie ich gerne kontaktiert werden möchte – mit dem Angebot, wir versuchen es beide, zu optimieren. Ich habe niemals eine ganz klare Vorstellung vom Zusammenkommen – ich reagiere auf Erregung und den Raum zwischen uns, mehr nicht.

Der Welpe wird ruhiger und kommt in einen leicht abgewandelten Zustand. Idealerweise sucht er immer noch meine Befürwortung seines Verhaltens, und

Ich liebe die Beschreibung: Moduliere du die Beziehung zu deinem Welpen, nicht immer, nicht angestrengt, sondern mit Zeit und Muße.

Die Beziehung zu deinem Hund wird dir für immer sehr dankbar sein.

ich kann in der Optimierungsschleife, wenn er ruhiger wird und mich viel konkreter und bewusster wahrnimmt, durch ein kleines »Ich mag dich sehr und du bist toll, so wie du bist« ein ehrliches, wertschätzendes Feedback geben.

Es wird also emotional so nah, dass kaum ein Blatt Papier zwischen mich und den »fremden« Welpen passt. Kennt ihr diese klaren, ruhigen, liebenden Menschen, die bereits kleinen Kindern als Erzieher oder Grundschullehrer so warmherzig helfen, wenn die Kleinen aufgeregt und gestresst sind?

Die Klarheit und Ruhe kannst du, auf deinen Hund bezogen, ganz sicher üben. Das eigene ruhige und zuversichtliche Gefühl erlangen oder zurückerobern. Lass dich nicht anstecken von der Unruhe und der Aufregung, sondern sei auch mal der Fels in der Brandung und derjenige, der den Stress (aus-)halten kann und räumlich dort bleibt, wo das Gespräch begann. Jedes Gefühl läuft im Ursprung für ca. neunzig Sekunden durch den Körper, zähl mal mit. Halte doch einfach mal den Emotionen stand. Sei der Erwachsene unter euch.

Da wird er seine innere Kirmes so herrlich gerade los.

Ich meine genau diesen leicht belämmerten Zustand für deinen Hund – wie nach einer kurzen Meditation oder Massage.

Kommen wir zurück zu der Frage: Wie viel Bewegung ist im Raum? Antwort: Jede Menge. Alles ist in Bewegung: Körper, Geist und Gefühl. Eine Menge Geist ist auch ohne Körper in Bewegung, etwa wenn man schläft oder wie ich gerade am Schreibtisch sitzt und schreibt.

Mein Geist läuft auf Hochtouren, und meine Gefühle gehen parallel mit dem mit, was ich denke, aber mein Popo sitzt relativ ruhig, ich strecke ab und zu mal das eine oder andere Bein in die Länge. Und was ich vor allem habe, ist Raum um mich herum. Meinen Raum für mein Tun und Sein gerade.

Um ehrlich zu sein, versuchen meine Hunde, in meine Nähe zu kommen, am liebsten nah und eng, sie wollen mit mir zusammensein. Ich werde heimlich und unauffällig heimgesucht von Aussies, die sich robbend anpirschen und manchmal ganz unbeachtet unter dem Schreibtisch oder hinter mir zum Liegen kommen.

Kein Problem, bis zu dem Zeitpunkt, wenn ich meine Beine strecken möchte oder in meine Fachbuchbibliothek hinter mir greifen möchte. Da ich durch die Konzentration angespannt bin, kommt es zum Austausch: Wir kollidieren, und das läuft eigentlich immer ähnlich ab.

Darin liegt die echte Verbundenheit für einen Welpen, ohne Zweifel, ohne Aufregung, ohne Widerstände. Einfach nur für das pure DU und ICH.

- Ich fühle mich räumlich gestört.
- Ich kann meine Komfortzone nicht finden.
- Ich habe entweder das Bedürfnis, den Körper zu strecken, ohne einen 25 Kilogramm schweren, befellten Kartoffelsack vor mir herzuschieben, oder ich muss mit meinem Stuhl nach hinten rollen, um impulsiv, wie ich bin, rasch nach dem Fachbuch zu suchen.
- Ich sorge für den nötigen Energieaustausch, aus meiner Außenhaut heraus, Impuls geht hinaus, ich bin minimal geladen, stupse mit den Füßen – als Signal, nicht als Schmerzreiz, einfach leicht tippend auf Bows Popo, so dass der reagiert und wegrückt, sich an einem total nahen Platz niederlässt, also mit mir im Kontakt bleibt, und wieder ausatmet, laut und tief, die Augen wieder schließt und weiterdöst. Wir kennen uns gut und haben nach

Energetisch aufgeladener Raum, wenn die Energie aus den ganz kleinen niedlichen Welpen flammt.

Ich sitze am Boden, bin eigentlich in einer denkbar ungünstigen Position, dennoch: Eine orange Flamme umspielt locker meinen Körper, die Hunde beantworten die Energie um mich herum.

jeder Menge Übung eine fantastische Beziehung mit so viel Klarheit in der Kommunikation, dass ich behaupten möchte, wir empfinden jede Auseinandersetzung als wertvoll und genießen sie richtiggehend.

Deine Beziehung zu deinem Hund findet statt in Form von Handeln = Verhalten = soziale Interaktion = Kommunikation.

Kommunikation über das Ja: Du bist toll so, wie du jetzt gerade bist = Nähe und das Nein: Was du jetzt gerade tust, denkst oder fühlst, dem stimme ich nicht zu = Distanz.

Wir gehen mit unserem Hund auf diese Reise:

Der soziale Dialog »Wer bist DU?« findet statt durch das »Der bin ICH«.

- Wer ist wann wo?

Und vor allem:

- Wer ist wie?

Bewegung ist immer.

Eine Flamme von Energie ist niemals eine Frage der Körpergröße oder des Geschlechts.

6. Wer bewegt wen? Warum Distanz überlebenswichtig ist

Was hat Verantwortung mit dem Erzeugen von Distanz im sozialen Kontext zu tun?

Wenn Distanz die Energie erzeugt, die große Verantwortung übernimmt, das Versprechen für Sicherheit herstellt … ist sie nicht nur die Kehrseite der Medaille.

In Interaktion handeln oder verhandeln wir immerzu. Es gibt hierfür keinen richtigen Anfang und kein Ende und geschieht stets, wenn wir uns in einem Raum befinden, und damit meine ich auch, wenn wir uns miteinander bewegen. Klassisches Beispiel hierfür: Dein Hund folgt dir auf Schritt und Tritt. Du gehst aufs Klo, und erwartungsfroh steht er auf Augenhöhe vor dir, ein toller Moment des *get together*.

Beispiele für Distanz und Nähe in drei Kommunikationsstufen

Der junge Hund ist wach, also ausgeschlafen, satt und mit leerer Blase. Frau Müller ist zur Zeit wegen des jungen Hundes viel zuhause. Sie ist beschäftigt mit Menschensachen, der Welpe ist klassischerweise immer in ihrer Nähe und macht Hundesachen, also hin und wieder auch Menschensachen kaputt. ☺ Dies ist also die Ausgangssituation für drei Bewegungsbeispiele in Sachen Distanz und Nähe.

Warum ist die Anleitung von Energie so wichtig für Unsicherheiten oder Unwissenheit?

Wenn die Beziehung intakt ist, darf ich nicht nur theoretisch alle Türen geöffnet lassen.

1. Die Hundewelt – zur Beobachtung

Frau Müller geht aufs Klo, Lucky bewegt sich ruhig und selbstverständlich mit ihr mit. Sie landen sprichwörtlich auf Augenhöhe, er schaut sie erwartungsfroh und flirtend an, balzt, schleckt, vermittelt daher ... Ja, was vermittelt er eigentlich? Stellst du dir allein mal die Frage, welche Antworten du findest? Frau Müller kuschelt, säuselt, knutscht ihn noch mal innig zwischen die Ohren. Ich finde, das kann man ruhig mal machen. Sind wir uns einig. Der Dialog ist sehr innig, sehr befürwortend, motivierend, unterstützend, Nähe in großer Hinsicht, bejahend.

Hundewelt aus Luckies Brille. Um das Konzept der Hundegruppe aufzugreifen, lassen wir Coop zum Wassernapf laufen und stellen uns einfach nur geografisch vor, der Ort zum Trinken wäre kleiner, wie die meisten Toilettenräume dieser Welt.

Er geht zielstrebig und ruhig mit seinem eigenen Bedürfnis los, ohne sich auch nur einen einzigen Gedanken um die anderen Teammitglieder Hundegruppe zu machen. Er spürt bereits vor der Ankunft Türe Klo, dass ihm jemand auf den Fersen ist, er würde es registrieren und darüber käme auch diese Information als erste Information beim jugendlichen Vierbeiner meiner Gruppe. Ich weiß wo du gerade bist – ergo, ich weiß was du gerade tust. Beim Durchqueren der Türe wäre Coop noch nach vorne ausgerichtet. Aber bei Ankunft im kleinen Raum würde er auf die Idee eines jungen Hundes, sich mit in diesen winzigen Schuhkarton zu quetschen, eine klare Auskunft geben, hier ist kein Platz für uns beide. Mit der zweiten Information wäre in diesem Falle die vorletzte Stufe »Drohen« wahrscheinlich erreicht. Lefze geht hoch, leises Knurren nur in die Richtung angedeutet, weitergehen in Richtung Napf und in aller Seelenruhe, kurz für sich sein und sein eigenes Grundbedürfnis in Ruhe erfüllen – trinken. Sich nach dem Trinken umdrehen. Jetzt kommt eine wichtige Botschaft, der junge Hund steht weiterhin auf Abstand, beobachtet seinen Lehrer, freut sich über die herrschende Harmonie/Klarheit, wedelt leicht auf Abstand, geht mit ruhiger Bewegung leicht hinter dem Großmeister her, legt sich ruhig in Coops Nähe hin, oder aber er geht selber anschließend imitierend ganz stolz an den Wassernapf und löscht seinen eigenen Durst. Jeder ist für sich und dennoch alle in Verbindung.

Er benötigt keine Zimmertüre.

2. Der Familienhund – zur Analyse

Frau Müller geht aufs Klo, Lucky bewegt sich ruhig und selbstverständlich mit ihr mit. Sie hat gelernt, dass dieses Verhalten, dieses »Stalking«, nicht gut für die Erziehung, Entwicklung, Frustrationstoleranz usw. ist, also schließt sie die Badtür hinter sich und schneidet Lucky radikal den Weg ab. Er hockt vor der Tür und macht einen belämmerten Gesichtsausdruck für sich allein, also ohne soziale Information im direkten Sinne. Denn die Badezimmertür, die Haustür, die Kofferraumklappe, der Gartenzaun und so weiter und so fort, die vielfach im Hundetraining ihre wichtigen Erziehungsrollen für den Hund zugesprochen bekommen, sind ja erst mal nicht aus Fleisch und Blut.

Die Bewegung des jungen Hundes wurde durch die sich schließende Badezimmertür gekappt. Distanz ist formell erzeugt und wird sozial vom Welpen noch nicht verstanden, weil die Information keine eigentliche Kommunikation enthält. Die Fragen, die sich hier stellen, sind: Welche Gelegenheit lässt Frau Müller aus, und warum macht sie es sich so einfach? Damit es nachher schwierig wird? Was um Gottes willen nicht heißt, dass ich nicht regelmäßig Türen hinter mir schließe. Doch, und zwar mit vollem Bewusstsein für eine Sendepause, und das wissen meine Hunde auch. Ein Om, ein Entspannungsmoment für alle Interaktionspartner. Aber ich schließe die Tür nicht für eine Unterbrechung des Gesprächs!

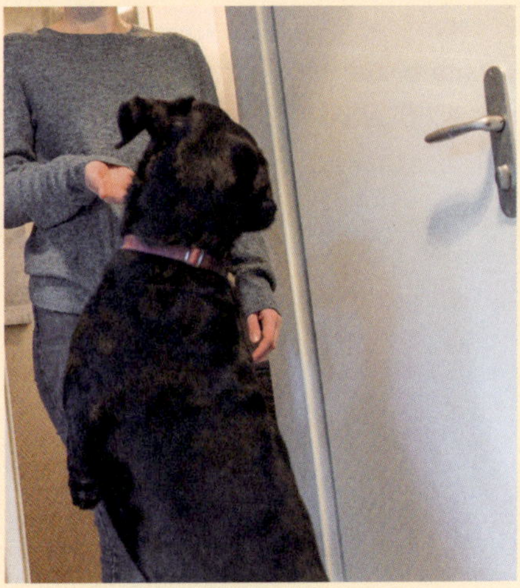

Wie bewusst und wie wichtig bist du dir, wenn die Klotür fehlt?

3. Du & dein Hund als Gruppe – zur Integration

Frau Müller geht aufs Klo, Lucky bewegt sich ruhig und selbstverständlich mit ihr mit. Jetzt bin ich an Frau Müllers Stelle: Ich gehe ins Bad hinein, und die Hundegruppe bekommt den Weg mit, je nach Tageszeit (spazieren gehen, Tag starten, oder gleich wäre irgendwann Fütterungszeit) kommt alle mit mir mit. Welpen, die ausreichend Bindung an mich gefunden haben, gehen ganz angeschlossen und selbstverständlich mit, landen fast auf Augenhöhe, und ich setze an mit dem Gespräch darüber = Distanz = Energie in Richtung Störung der Nähe.

Dafür muss ich definitiv nicht aufstehen, aber das ist eine Frage der Übung für mich mit dem jeweiligen Individuum Junghund. Der Welpe oder Junghund geht reaktiv auf meine Kommunikation ein und distanziert sich zu mir mit Demutsverhalten. Das ist der Moment für Beziehungs- und Systembildung, diese Momente würden aneinandergereiht einen wunderschönen Tanz über den ganzen Tag verteilt ergeben. Mit und ohne Klo.

1. Wenn Nähe = soziales Grün als Ampellicht bedeutet.
2. Die WC-Tür trennt den Hund vom Menschen: Dann findet keine soziale Erklärung statt, weil eine Tür nicht aus Fleisch und Blut, sondern aus Holz ist. Wenn man sich während der ganzen Aktion an der Klotür die Klotür wegdenkt, wird es einfacher, zu verstehen, warum es keine ideale soziale Erklärung sein

Ein Sich-Kennenlernen bedeutet, zu strahlen ohne Klotüre.

kann. Es gibt keinen Hinweis auf soziale Distanz, mit der Bewegung, den Gedanken, auf die ein Welpe reagieren könnte. Alle körpersprachlichen Hinweise auf ein »Halt«, »Stopp« oder »Nicht weiter« fehlen. Also bleibt der innere Zustand im Welpen auf Bewegung und somit auf Grün geschaltet, und dieser Habitus = innere Zustand sucht eine Entladung beim Wieder-Rauskommen = volle Pulle Attacke. Das schwächt also die Beziehung, da diese, sagen wir, Übersprungshandlungen blöderweise beim Zusammenkommen von Hundehalter und Welpe zu achtzig Prozent stattfinden. Woher soll ein Welpe wissen, dass der Mensch seine Leitfigur ist, frage ich mich. Also, wir wollen es verändern?

3. Der haptische Raum bleibt also offen, und die Farben, die vom Menschen ausgehen, werden in Gelb, Orange und Rot dargestellt. Der Welpe zieht sich mit Demutsverhalten zurück.

Also könntest du doch ohne Hilfsmittel in das wirkliche Kommunizieren mit deinem Hund eintauchen. Deine Information wird durch deine Körpersprache zum Dialogpartner Hund gesendet und ebenso kannst du deinen Dialogpartner Hund durch dessen Körpersprache verstehen. Die Kommunikation sei das Kernelement des Sozialen, so Niklas Luhmann.

Ich möchte hier die Kanäle für die Klarheit aufzählen, was alles zu jeder Sekunde als Kommunikation vom Hund betrachtet wird, wenn ein Mensch mit ihm spricht:

1. Bewegung

Einfach in die eigene Fokussierung gehen.

2. Haltung

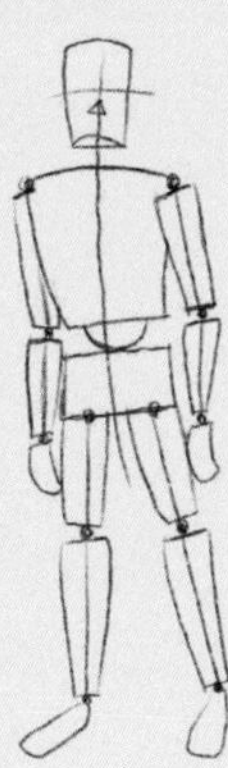

Welche Haltung habe ich?
Man kann auch die Längs- und Querachsen mal bewusst vor dem Spiegel betrachten.

3. Gestik

Meine Gliedmaßen sprechen in Gestik.

4. Mimik

Mein Gesicht wird auch vom Hund sehr gut in seiner Mimik verstanden.

5. Prosodie (Stimmmelodie)

Biologisch betrachtet spielt die Stimmmelodie parallel zur Atmung eine wichtigere Rolle als die Vokabel.

6. Proxemik (das Verhalten im Raum, mit dem wir Nähe und Distanz regeln)

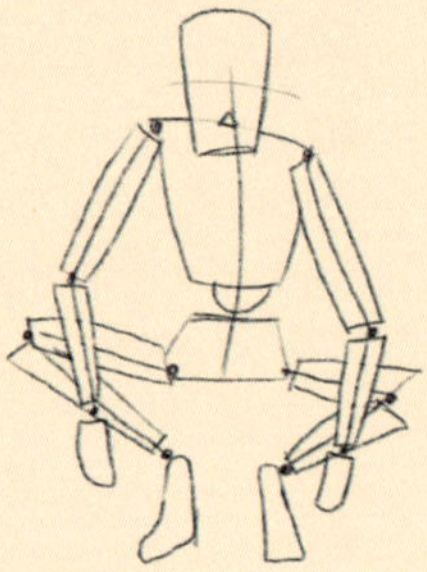

Alle Aspekte in Bezug auf den Raum und alle Sozialgefährten.

7. Hierarchie trifft auf Romantik

Ich stelle kess die Behauptung auf, dass es kein soziales System ohne Hierarchie gibt, bis hin zu der Überlegung, dass jede Kommunikationseinheit, jeder Dialog, symmetrisch oder komplementär verläuft. Also auch in einem Verlauf auf sozialer Ebene/Achse.

5 Axiome - Paul Watzlawick

1	2	3	4	5
Man kann nicht nicht kommunizieren.	**Jede Kommunikation hat einen Inhalts- und einen Beziehungsaspekt**	**Die Interpunktion der Ereignisse definiert die Beziehung.**	**Kommunikation kann digital oder analog erfolgen.**	**Kommunikation verläuft entweder symmetrisch oder komplementär.**
Man kann sich durch Inaktivität nicht der Kommunikation entziehen. Einseitige Abbrüche der Kommunikation führen zu Konflikten.	Die Inhaltsebene liefert Informationen zur Sache. Die Beziehungsebene liefert Informationen über das Verhältnis der Teilnehmer.	Kommunikation hat keinen Anfang und kein Ende, sondern verläuft kreisförmig. Je nachdem, wo die Interpunktion einsetzt, beeinflusst sie die Beziehung.	Text, Buchstaben, Zahlen – sind digitale Kommunikation. Nonverbale Signale und Körpersprache sind analog und beeinflussen die Beziehung.	Komplementär ist eine Beziehung, wenn es eine Hierarchie gibt. Symmetrisch, wenn die Partner gleichwertig in der Position sind.

Hierarchie und Status haben einen ganz schlechten Ruf, besonders in der Hundewelt, leider. Dieser schlechte Ruf entstand durch Machtmissbrauch seitens des menschlichen Kommunikationspartners, ebenso durch Gewalt, fehlende Einfühlung, mangelhafte Kommunikation, fehlendes Verständnis für die Bedürfnisse und den Zustand des Gegenübers Hund.

In den sozialen Verbänden, Gruppen, Herden und Rudeln gibt es klarerweise hierarchische Strukturen. Diese sind essentiell wichtig für die Bereiche Verantwortung und Sicherheit. Und genauso kann man Hierarchie und Status ganz liebevoll betrachten. Beides ist notwendig, denn keine Hierarchie = kein soziales System / keine Familie.

Wenn ich dich jetzt frage: Wie romantisch findest du deinen Status, den du gegenüber deinem Hund hin und wieder nutzt, für eigene Zwecke, für deine Komfortzone, für deine Ruhe, deinen Raum, deine Zeit für dich?, was antwor-

Nur mit Klarheit kann eine Hundegruppe so ruhig und harmonisch werden, trotz hibbeligem Welpen.

Immer ohne echtes Leid für die Verbundenheit. Beide Seiten der Medaille, ganz natürlich. Seite A und Seite B.

test du? Ich befürchte, du empfindest es eher als das Gegenteil von romantisch. Wie ich in diesem Zusammenhang auf den Begriff Romantik komme? Das erkläre ich weiter unten.

Dies sind drei Rollen, die ich meinem Hund gegenüber einnehmen kann, je nachdem, wie es die Situation gerade verlangt.

1) neutral, 2) leicht drohend 3) witzig. Kannst du dir die Rollen als Hüte vorstellen?

Ich trage große Verantwortung für meinen Hund. Theoretisch, also gedanklich, sehen das viele Hundehalter so, bestimmt auch du. Nur, wie empfindet das wiederum dein Hund? Wie, glaubst du, empfindet dich dein Hund als Persönlichkeit? Wenn du dich selbst unter die Hüte denkst, welchen Hut trägst du häufig zuhause, im stillen, ruhigen, ACHTUNG: *romantischen* Kämmerlein? Ich führe den Begriff der Romantik hier an, um die Geborgenheit der eigenen vier Wände, des gemeinsamen Zuhauses deiner Hund-Mensch-Familie zu symbolisieren.

Welchen Hut hättest du hingegen gern außerhalb eures Heims auf, in der nächsten Hundebegegnung mit dem Nachbarsköter, der für sein Leinengezerre bekannt ist?

Kehren wir zurück zu den Bildern und Wahrnehmungen aus den Hund-Mensch-Familien dieser Welt:

Ich sorge für Sicherheit, weil ich Verantwortung trage.

Ich treffe Entscheidungen, weil ich Verantwortung trage.

Jede Mutter, jeder Hundehalter sorgt für das Kind in seiner Welt, für seine Grundbedürfnisse.

8. Soziale Bedürfnisse begreifen oder: So weit weg ist der Hund nicht von uns

Ich komme noch einmal auf die vier Grundbedürfnisse zurück.

- Das Bedürfnis nach Bindung/Dazugehören/Anschluss zu finden: verbunden sein.
- Das Bedürfnis nach Selbstwerterhöhung: selbstbestimmt sein.
- Das Bedürfnis nach Orientierung und Kontrolle: sicher sein.
- Das Bedürfnis nach Lustgewinn und Unlustvermeidung: entspannt sein.

VERBUNDEN SEIN

- Nähe
- Respekt
- Intimität
- Akzeptanz
- Wahrgenommen werden
- Aufmerksamkeit
- Aufrichtigkeit
- Einfühlung
- Verbindlichkeit
- Verlässlichkeit
- Gemeinschaft
- Verständnis
- Transparenz
- Ehrlichkeit
- Kontakt

SICHER SEIN

- Achtsamkeit
- Beständigkeit
- Aufrichtigkeit
- Ehrlichkeit
- Diskretion
- Geborgenheit
- Verbindlichkeit
- Orientierung
- Privatsphäre
- Vertraulichkeit
- Vertrauen
- Ordnung
- Klarheit

ENTSPANNT SEIN

- Erholung
- Harmonie
- Ruhe
- Frieden
- Gelassenheit
- Stille
- Bequemlichkei
- Rückzug
- Gemütlichkeit
- Privatsphäre

SELBSTBESTIMMT SEIN

- Authentizität
- Autonomie
- Eigenständigkeit
- Freiwilligkeit
- Kreativität
- Kompetenzaktivität
- Effektivität
- Selbstwirksamkeit
- Individualität
- Freiheit
- Unabhängigkeit
- Privatsphäre

Alle Hundehalter, die so viele Jahre zu mir ins Training kommen, haben das gedanklich bereits verinnerlicht, und in den entscheidenden Situationen, in denen der Köter an der Leine ausrastet, können sie diese Prinzipien auch emotional und körperlich anwenden.

Ja, der Hund muss sich *sicher* fühlen, er muss lernen, *entspannt* zu sein, er muss sich *verbunden* fühlen und sich auch *selbstbestimmt* verhalten können. Der Wunsch bleibt für den Hundehalter leider zu häufig in der Problemsituation verhaftet. Frau Müller aus unserem Beispiel handelt zu häufig nur im Problem. Wir sind aber immer, 24/7, das soziale System für unseren Hund.

Formell vs. natürlich

Logistisch und formell und aus Menschensicht betrachtet, führen alle Hundebesitzer das System. Sie entscheiden, wann, wo, wie lange der Hund spazieren geht, sie entscheiden, wann und was

Lebe eine Woche ohne Leine mit deinem Welpen – für die kommenden 15 Jahre.

Die Beziehung wäre auf einmal so zauberhaft ganzheitlich. Die Botschaft an deinen Hund: »Der Spaß hat kurz Pause, ich möchte das jetzt nicht. Sei jetzt nicht so distanzlos, so unreflektiert, so ungebremst.«

er frisst, sie entscheiden, wen er trifft, mit wem er spielt. Das ist eine Seite der Wahrnehmung.

Tauchst du in die Biologie ein, setzt du die Brille deines Hundes auf … dann triff ab heute alle Entscheidungen für deinen kleinen Racker ohne Leine, ohne Halsband, ohne Haustür, ohne Gartenzaun und vielleicht sogar ohne gesprochenes Wort, und erst recht ohne Fleischwurst.

Dann ist es rasch vorbei mit der Wahrnehmung: Ich, Mensch, entscheide doch. Hier wäre Hierarchie bei der Umsetzung notwendig, und es wäre ein so wundervoller, bewusster, körpersprachlicher Umgang mit unseren Hunden, geradezu phänomenal, alle Welpen dieser Welt würden es uns danken, endlich wahrnehmen zu dürfen, dass sie sich nicht kümmern müssen.

Alle Hundehalter würden plötzlich, von Zauberhand, rasch reagieren und Dinge körpersprachlich abwenden, wenn Gefahr droht. Sie würden die Intervention so klar ausführen, wenn der Welpe droht auf die Straße zu rennen, oder wenn der Hund giftiges Zeug fressen oder Bullen auf der Wiese jagen will, oder die Nachbarskatze. WOW, hast du die Bilder auch so wunderbar klar vor Augen? Was wäre das für ein Gamechanger für alle Hunde: Die Haustür stünde immer offen, der Briefträger oder Pizzabote kämen einfach ständig vorbei.

Alle haptischen, formellen Grenzen wären, hex-hex, weg, und die Energie sähe zwischen Hund und Halter so wunderbar anders aus.

Gute Momente, sprich romantische Augenblicke, würden auf einmal ganz anders bemessen, nämlich vielleicht dann, wenn ein sich sicher fühlender, schlaftrunkener, junger Hund ein kurzes Beschwichtigungswedeln im Hintergrund zeigt, während du die Pizza annimmst, um sie anschließend mit ihm auf der Couch kuschelnd zu teilen. Das ist krasse, klare Hierarchie und notwendiger Status, kombiniert mit der romantischsten aller Formen von Liebe im Koffer, nämlich Beziehung und Familie.

Wären wir dann draußen ohne haptische, künstlich erzeugte Grenzen unterwegs mit Hunden, würden wir schneller und klarer in den Strukturen der zu treffenden Entscheidungen agieren. *Dann führen wir eine biologisch-systemische Beziehung innerhalb einer Gruppe.*

Die gesamte Welt des Hundes im Zusammenleben mit uns Menschen würde sich um 180 Grad drehen. Auch wenn ich natürlich weiterhin möchte, dass Hunde an der Leine gesichert vor Straßen geschützt werden. Es geht um ein Öffnen in Gedanken für dein Wahrnehmen, Verstehen, Fühlen und partielles Verändern.

Viele Hunde hätten ohne Mauern und Leinen sehr schnell, ab der frühen Welpenzeit, die *Dos* und *Don'ts* verstanden, das Ja und Nein, das Dahin und Nichtdahin des Verantwortlichen (Menschen) und darüber Distanz und Nähe zum Außen und zur Beziehung innerhalb der Familie. Allein dadurch würden weniger Hunde so in ihrer Pubertät expandieren und denken, ihnen läge die Welt oder die Party zu Füßen. Unsere Hunde wären so dankbar für Status und Hierarchie ohne Machtgehabe durch uns als Hundebesitzer.

Lass uns schmunzeln – Exkursion in drei Welten

1. Die Hundewelt – zur Beobachtung

Es bedarf nicht mal einer geschlossenen Hundegruppe oder eines Rudels, um folgende Verhaltensstruktur zu korrigieren, von einer halbwegs sozialkompetenten, erwachsenen Hundegruppe. Wer bestimmt die Stimmung, die Energie? Ein junger Hund rast los, weil er eine Taube auf vierzig Meter Entfernung für das Objekt seines Glücks hält. Alle anderen Rudelmitglieder sind relativ klar und entspannt für sich, haben also eine eher niedrige bis mittlere Energieebene und laufen relativ geschlossen als Gruppe durch die Gegend.

Der kleine Flutziblutzi nicht, der rast einfach mal los. Selbst die toleranteste Hundegruppe würde hierauf spätestens dann ein Feedback geben, wenn der ausgebüxte Kompagnon zurück in die Gruppe gehechelt kommt, völlig unempathisch und unreflektiert. Dann gibt es eins auf die Mütze.

Warum wird so über energetische Zustände gesprochen? Warum ist eine autonome, natürliche Hundegruppe in Gefahr, wenn ein Welpe/Junghund ausreißt? Die Gruppe toleriert das nicht, wenigstens die instabilen Rottenmeier-

Nur für die Wahrnehmung ist mir die Darstellung so wichtig. Lasst Welpen rasen und springen, mit Bewusstsein.

Als seriöser Beziehungs- und Kommunikationsauftrag, ich arbeite durch mich, deinen Raum, unsere Beziehung.

chen, die jede autonome Hundegruppe hat, fühlen sich beauftragt, dem Verhalten ein jähes Ende zu setzen. So, wie du gerade bist, kleiner Hund, tust du uns als Gruppe und mir in meinem Wohlbefinden gerade nicht gut.

Kein Junghund einer sozialfähigen Hundegruppe läuft energetisch als Ferrari oder Superman in das direkte Umfeld, die Blase, einer sozialkompetenten Führungspersönlichkeit hinein.

Es gibt so viele Beispiele aus der Hundewelt, wo Gaga-Sein mit der klaren körpersprachlichen Aussage »Hast du noch alle Tassen im Schrank?« beantwortet wird. Hier nur einige davon:

- Ein Junghund initiiert permanentes Spielen bei erwachsenen Hunden, also provoziert sie.
- Zwei Blödis rennen wie die Tornados über eine freie Fläche.
- Ein Junghund übt sein Hüpfen wie ein Känguru, in die Richtung erwachsener Hunde.
- Ein Junghund drängt sich lieb und süß, submissiv um Liebe heischend, zwischen zwei erwachsene Individuen, die gerade ein Gespräch führen.

Was glaubst du, wie viele Hundebesitzer das niedlich und wertvoll von ihrem Welpen oder Junghund finden? Und jetzt kommt der Clou: Es geht mir nicht darum, dass die Junghunde dieser Welt das nicht tun sollen, ganz im Gegenteil, ich möchte viel mehr Ausprobieren von Seiten junger Hunde sehen. Junge Schäferhunde etwa sind für mich gefühlt alle in Gefängnisse inhaftiert, an der Leine, mit Keks vor der Nase, damit keine Auseinandersetzung, also keine Erfahrung in ihrer sozialen Umwelt Hunde oder Menschen mehr geschieht. Ich möchte dein Bewusstsein öffnen für: Was genau ist romantisch und was genau dürfte ich hierarchisch zu hinterfragen lernen?

Und um noch mal meine Es-darf-vieles-stattfinden-Einstellung zu fixieren: Wir Menschen haben das Problem mit dem gezeigten Verhalten unserer Hunde, nicht unsere Hunde.

Zuhause nutzt ihr missbräuchlich die Romantik für das eigene Gefühl von Zuneigung, Liebe, Nestwärme, Sozialkontakt. Draußen tragt ihr angespannt die Kalaschnikow im Anschlag auf euren Hund, eure Nachbarn, euch selbst gerichtet.

Auf die vier sozialen Grundbedürfnisse komme ich später noch einmal sehr ausführlich zurück. Hier nur so viel:

1. Sicherheit (ohne Haustür/Leine)
2. Verbunden sein (Bindung, und ja, auch Liebe)
3. Entspannt sein (das autonome Nervensystem)
4. Selbstbestimmt sein (der eigene ICH-Wert jedes einzelnen Mitgliedes der Gruppe Mensch-Hund)

2. Der Familienhund – zur Analyse

Wieder zurück zu Frau Müller und Lucky. Es ist häufig zu Beginn »alles süß«. Diese Aufregung im Alltag verstehen wir nur zu gut, er kennt die Welt noch zu wenig. Er möchte alles untersuchen. Er freut sich so, er springt und rennt herum. Probiert alle krassen Körperbewegungen aus. Ob mit sozialem Umfeld oder ohne, spielt für den noch opportunistischen jungen Lucky zu Recht keine Rolle.

Recherchier mal »Opportunismus«: Bereitwillige, zweckmäßige Anpassung an gegebene Situationen, **bei der momentane Nützlichkeitserwägungen wichtiger scheinen als dauerhafte wertgebundene Prinzipien**. WERTE MÜSSEN SICH NATÜRICH ERST MIT DER REIFUNG ENTWICKELN. Bis dahin nutzen junge Hunde günstige Gelegenheiten ohne Rücksicht auf Werte und auf die Gruppe, zu ihrem eigenen Vorteil und sind somit Opportunisten, ganz klar und total gesund. Nur dass ein erfahrener Mensch in der Entwicklung für Werte innerhalb der Gruppe sorgt, die wiederum das Verhalten jedes einzelnen Individuums steuert. Puh, uff und om, das war jetzt mal kurz etwas theoretisch und somit leichtschwere Kost, entschuldige, aber vielleicht hast du ja Lust auf tiefes Wissen zur besseren Einsicht.

Zurück zu Lucky. Er freut sich also, er springt und rennt herum. Probiert alle krassen Körperbewegungen aus. Ob mit sozialem Umfeld oder ohne, spielt für den noch opportunistischen jungen Lucky zurecht keine Rolle. – Liest sich das anders als eben? Ja, Lucky ist zu Recht genau so.

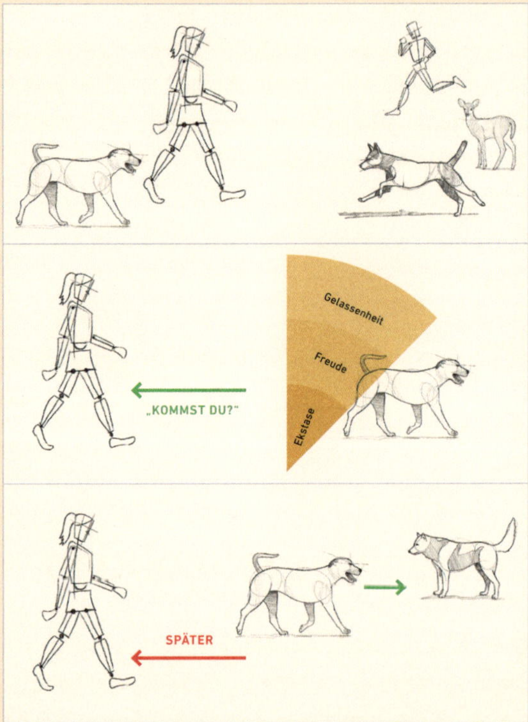

Frau Müller ist ebenso in mittlerer Energie und geht in ihrer Stimmung aufmerksam, aber nicht aufgeregt, spazieren. Bis Lucky eine Taube jagt und sie hektischer und energiegeladener wird. »Luckyyyyyyyyy, hiiiiiier, jaaaaaaaa feiiiiiiin!!!!« Wenn wir jetzt zur Entwicklung, sozialen Reifung Lucky zu einem sympathischen, gesellschaftsfähigen und nicht übermäßig jagenden Schnösel weiterüberlegen, spürst du den Hieb in die Rippen? Wo soll das hinführen mit den Müllers und Luckys dieser Welt?

Lucky dreht auf, und Muddi Müller läuft hilflos hinterher, mit in die Welle. Die Taube weckt Luckys Impuls/Lust zur Jagd, Frau Müller weicht zurück, aus Stress und Angst, mit dem Ergebnis des Kontrollverlusts und im Endeffekt Schaden für Lucky. Wer gibt die Stimmung der Gruppe vor? Ab Tag drei nach Einzug des Welpen ist er es, sobald er sich traut, sich energetisch zu öffnen. Den Dialog Raum/Zeit in der Gruppe Mensch-Hund führt hier der Hund. Ebenso den Dialog Raum/Zeit in der Gruppe Umwelt. Hieb in die Rippe gespürt?

Wenn wir die folgenden zwei Punkte verstehen, wird das Bild »Raum und Zeit« in Nähe und Distanz hoffentlich in vielen kleinen Puzzleteilen klarer.

Nähe: in Form von Zuwendung, Zustimmung, Motivation, Lob und Harmonie: **Du hast dich an Regeln gehalten, du wirst spürbar anpassungsfähiger, mitfühlender, ergo sozialer.**

Distanz: in Form von Abwendung, Intervention, Hemmung, Tadel und Unstimmigkeit: **Du hast die Situation nicht richtig betrachtet, verstanden, du hast eigensinnig gehandelt, die Gruppe gefährdet, mich als Erziehenden in meinem Status in Frage gestellt.**

Bewegung, Gestik, Mimik, Prosodie und Proxemik. Tür zu und Tür auf. Ganz einfach.

3. Du & dein Hund als Gruppe – zur Integration

Meine Hundegruppe ist zu neunzig Prozent ohne konkretes Kommando unterwegs, ohne direkten bzw. auschließlichen Bezug zu mir und dennoch hin und wieder in klarer Übung innerhalb von Raum und Zeit. Kommentar meiner Nachbarn, wenn sie mich mit meinen fünf Taschen voller Hundeschul- und Pferde-Equipment und sechs leinenlosen Hunden von der Haustür durch unsere relativ dicht bewohnte Siedlung zum Autostellplatz gehen sehen: »Nicole, deine Hunde sind immer so lieb.« Dann muss ich immer schmunzeln. Meine Behauptung: Nein, sind sie nicht, lieb sind sie wirklich nicht. Sie sind wegen mir angepasst an die Situation, wir gehen ohne Aufregung in einer gemeinsamen Blase von A nach B, stabil im Außen, also eine Begegnung mit fremden Hunden, Nachbarn, fremden Menschen bringt nicht zu viel negativen Stress; eine Katze, ein Hase lässt sie nicht in den Partymodus schalten.

Meine Hunde bewegen sich in einer Blase »Raum und Zeit« mit mir, durch soziale Anpassung an eine formulierte soziale Gruppe. Ohne eine Aussicht auf Futterbelohnung. Ich gebe die Stimmung vor, indem ich schon darauf Einfluss nehme, wenn ich Haustürschlüssel und Jacke nehme und dabei marginale Auslöser und Trigger bespreche.

Wie bespreche ich denn Regeln für eine Gruppe beim Losgehen? Der Hund lädt sich mit Stress auf durch: »Gleich geht es los!« In dieser Unruhe ist ganz oft der Mensch die räumliche Adresse, oder die Haustür. Da kommt meine erste biologische Erklärung bereits hinein. NEIN! Für das »So nicht« und »Es gibt keinen Grund, zu explodieren«. Mein Nein für den inneren Zustand meines Hundes als Adresse: Warum darf ich mich als Adresse hier nicht unbeteiligt stehen lassen? Weil ich der Erwachsene in dieser Beziehung bin. Ich weiß es doch besser! Klare Aufgabenverteilung, das heißt, ich lasse den Sektkorken im Hund nicht knallen. Ich erkläre ganz voll mit Empathie in aller Ruhe: Das ist unangemessen. Somit wird diese Explosion geerdet und führt daraufhin erst zu der sozialen Struktur: »Wer führt, wer folgt?«

Dann gehe ich als leitende Figur, ohne jedwede Form von Aufregung, los mit kleinen Mikrosignalen = Status = Hierarchie. Ich habe und nehme den Status wichtig und ernst für eine Aussiegruppe, die ohne Leine durch die Gegend läuft.

Respekt ist ein Genuss für das Gegenüber, den erreiche ich durch Klarheit und meine hohe Form von Entspannung. Mein Puls geht immer runter beim Losgehen, nur so kann ich Vorbild sein. Das eigene meditative OM.

IST DAS NICHT ROMANTISCH?

Alles andere ist unangemessen, bringt uns ins Stolpern, lässt die ganze Gruppe hochfahren, bringt sie aus dem Gleichgewicht. Das heißt, ich bin schon viel früher in Kontakt zu Raum und Zeit als andere Hundebesitzer. Ich führe meine Beziehung, wenn meine Hunde noch gar nicht in Schwierigkeiten sind oder sie auch nur beginnen, minimal in Schwierigkeiten zu kommen. Da haben wir den Faktor ZEIT.

Wenn auch ich romantisch, naiv-verträumt wie viele wäre, würde ich erst im Problem, also zu spät, meine Aussies zum ersten Mal kontaktieren – wer ist gerade besonders wichtig in unserer Gruppe –, würden wir nicht so lässig-cool aussehen ...

Meine Aufgabe als Mensch ist es, Hierarchie und Status zu realisieren, weil notwendig, und Romantik und Unaufmerksamkeit hintenanstehen zu lassen. Es kommt die Zeit für Romantik, versprochen. Nämlich durch ENTWICKLUNG der BIOMECHANIK IN DER GRUPPE.

Versteht ihr den Widerspruch der Aussage »Ich treffe doch Entscheidungen für meinen Hund!« räumlich, hierarchisch, romantisch, visionär, natürlich und nachvollziehbar aus seiner Sicht? Wenn nicht: Leine ab und Haustüre auf ;-)

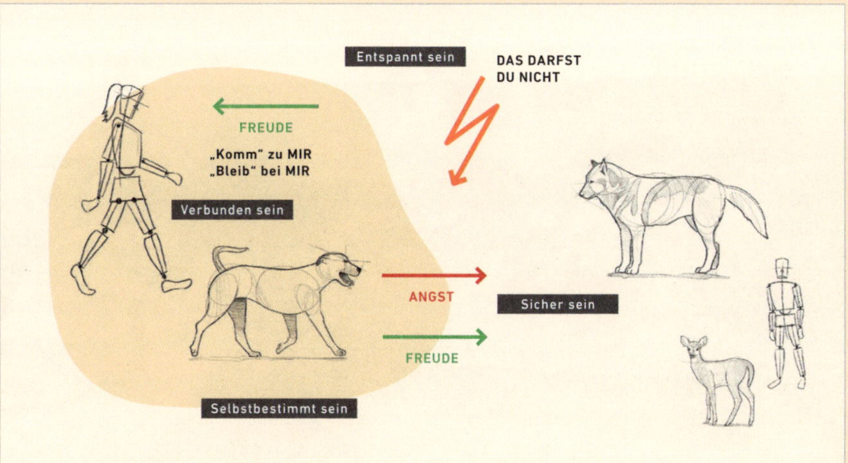

9. Die Balance von Nähe und Distanz

Keine Sekunde ohne Bewegung – Aufeinander zu und voneinander weg

Nichts zu tun, ist unmöglich. Selbst im Schlaf bewegen sich wahnsinnig viele Bilder und Gedanken, bis hin zur Muskulatur. Hier werden Erinnerungen des Tages bewegt, in idealer Form gut verarbeitet, also gelernt und vertieft. In der Gruppe lebende soziale Beutegreifer sind in einem sozialen Kontext immer im Austausch, also in Bewegung, in Wahrnehmung und Lernen. Bewegung, Wahrnehmung und Kommunizieren findet immer statt.

Wenn die Bewegung aus jedem Individuum der Gruppe kommt, in Form von gedanklicher Bewegung, emotionaler Energie oder auch dynamischen Körperbewegungen, wird sie noch sichtbarer, mit Ausdruck/Expansion nach außen.

Bewegung eines klingelnden Weckers

Viele Menschen bewegt beispielsweise das Klingeln eines Weckers. Wenn ich mich als blühendes Beispiel nennen darf, bewegt mich das Klingeln vordergründig gedanklich, unmittelbar danach emotional durch meine Scham – schon wieder vergessen, ihn leiser zu stellen –, dann körperlich, der Finger betätigt die Schlummertaste. Pauschal gesagt, nach dem vierten Mal müsste ich dann in die Bewegung kommen. Ist das nicht ein schöner Vergleich? Denn hier bei dem Beispiel Wecker gibt es bestimmt 93 verschiedene Bewegungen, je nachdem, bei wem der Wecker klingelt. Mein Mann hasst es, dass ich meinen Wecker am Wochenende, wenn ich als Einzige aufstehen muss, immer so viel früher stelle, als ich in der Regel bereit bin aufzuste-

Alle Türen der innigen Verbindung vom Herzen her weit geöffnet. Dort ist es ganz warm und ruhig.

hen. Er reagiert ebenso auf den Reiz »Wecker« – mit Wut. Hier noch einmal die drei Arten der Bewegung:

- Gedanklich
- Emotional
- Körperlich

Wenn ich die Bewegung »Wecker« mit der Bewegung bei dem Reiz »Hundebegegnung« ansatzweise für dich vergleichen darf, wird hoffentlich klar, wie schön sich ein Reiz in Emotionen verankert und wie stark er durch das System getriggert, also gemildert oder befeuert werden kann. Das sehr frühe Klingeln des Weckers unter der Woche macht meinen Mann zwar auch nicht glücklich, aber noch lange nicht so wütend, wie wenn mein Wecker am Wochenende klingelt und ich eben nicht aufstehe.

Wir stehen in permanenten Wiederholungsschleifen der Wahrnehmung, Empfindung und körperlichen Reaktion/Bewegung. Nur zwanzig Prozent der Wahrnehmungen, Empfindungen und Bewegungen sind uns bewusst. Wir sieben aus, da unser Gehirn ansonsten zu viel Energie bräuchte, viel zu viel verarbeiten müsste. Deshalb greifen wir im Altern/Reifen/Lernen zu Schablonen.

Die berühmte Schablone bei unseren Hunden wäre zum Beispiel: »Da vorne kommt ein anderer Hund«, oder: »Es klingelt an der Tür.«

Oder bei uns Menschen eben der Wecker. Eine ähnlich wiederkehrende Situation, aber unterschiedliche Kognitionsschleifen. Wenn man bedenkt, wie unfassbar komplex soziale Beziehungen verlaufen, wie intensiv jede Persönlichkeit ihren Reaktionen »ausgeliefert« ist und wie wenig wir unser Nervensystem tatsächlich beeinflussen können, macht das nicht unbedingt Mut. Aber ich betrachte die Hundewelt als klarer und darüber »leichter« als die menschliche. Ich finde hier mehr Zugang zu Veränderungen über die Gesetze der Biologie und der Physik.

Die heruntergebrochene, etwas vereinfachte Sichtweise in die Hundewelt erleichtert das Verstehen und Ausprobieren, um Veränderungen zu bewirken.

1. Der Familienhund – zur Analyse

Situation »Der Pizzabote klingelt«

Der junge Hund freut sich über jeden Besuch. Sich zu freuen, ist ihm ein großes Grundbedürfnis, allerding mit einer ganzen Palette Nebeneffekte. Frau Müller steht an der Tür, um dem Postboten, Pizzadienst oder Besucher zu öffnen, und das Gebrause läuft volle Kanone hinein in ihren Körper, sprich Individualbereich, die intimste Zone. »Lucky, ist ja guuuuut«, sagt sie, während Luckys Vorderfüße mit voller Wucht gegen ihre Milz wummern.

Sie: hilflos lächelnd und schmunzelnd. Er: ungebremst, zügellos, enthusiastisch. Post und Pizza lassen sich durch die sogenannte Kontaktstörung zum Reiz und zur Kommunikation retten.

Was meine ich damit? Ich meine, mit leicht erhobener Augenbraue den Hund hinter eine Türe zu verfrachten, in einen anderen Raum zu bringen, rettet zwar die Situation für den armen Postboten, aber klärt weder die Aufregung noch die defensive Aggression des Hundes im Gespräch. Es wird also schlimmer, und zwar jedes einzelne Mal. Bis der Besuch auch im Haus verweilen möchte, dann scheitert die Schablone. Wenn die gebrechliche Schwiegermutter zu Besuch kommt und auch noch scharf darauf ist, den süßen Hund zu streicheln, ist das Dilemma in Fahrt. Das Kind ist emotional derart ungehobelt unterwegs, komisch. Da wird dann reingegrätscht, gepackt, gestraft, konditioniert oder weggesperrt, alles in Ordnung bis hierher.

Es wäre so lustig und wunderbar, wenn es nicht unbewusst zur Falle führen könnte.

Bloß: Lucky geht nicht in Demut, wenn Frau Müller körpersprachlich interveniert, er weicht nicht zurück, er hält nicht inne. Der ist einfach so! Ja, genau: Er ist einfach so, wie er ist, als Ergebnis dieser drei Faktoren:

- Persönlichkeit
- Gelerntes
- Innerer Zustand

Bei Punkt zwei und drei war Frau Müller zu fünfzig Prozent beteiligt, etwa ab der achten Lebenswoche. Wer ist hier Lehrer, wer Schüler, wer Mutter, wer Kind? Wer Fragender, wer Antwortender? Wer bearbeitet den Raum »Nähe vs. Distanz«, Frau Müller oder Lucky?

Wenn Hunde nicht erwachsen werden dürfen, ist es nicht zum Lachen.

2. Die Hundewelt – zur Beobachtung

Ich brauche nur aus der Brille meiner ganzen Hundegruppe zu blicken, der Aussiegang. Sie achten empfindlich, manchmal einen Hauch symptomatisch, auf Struktur, Räume, Benehmen, Hierarchie, Status, Rang und Ego. Die vier Rüden und der eine kleine Terrier mit dem Klappmesser in der Hosentasche. Fünfzehn Jahre Hundebetreuung im eigenen Rudel haben mir die Gelegenheit geschenkt, die Themen Raumsprache und individualer Dialog »Distanz und Nähe« zu verstehen.

Was wäre nun in der Situation »Es klingelt, Besuch steht vor der Tür« ohne mein Zutun innerhalb der Gruppe abgelaufen?

Der Terrier vermerkt es als Erstes und gibt den Startschuss für erhöhte Aufmerksamkeit: Achtung, da kommt was, ein Abenteuer steht an! Mischmotiviert, da territorial empfindlich, sind alle meine Hunde eher aufgeregt, defensiv meldend. Bei Besuch sind die Psychos (nett gemeint) erst mal etwas besorgt.

Lernen durch Erkenntnis und von Erwachsenen, als kleines, bitteres Geschenk für das große Ganze.

Hier geht es weniger um den genauen Ort und noch weniger um ein Kommando »Sitz«, als es scheint.

Der Umgang mit schlechten Gefühlen möchte geübt sein, für ein gesundes Wachsen.

So aber nicht Frau Müllers Lucky, der in Richtung Tür schießt, mit der Freude, dass endlich eine Attraktion die Langeweile durchbricht. Lucky donnert als Erstes in Richtung Haustür. In dieselbe Richtung gehen meine Hunde auch, allerdings in Polizeiuniform. Die Hütehundegruppe würde bei Luckys Partyhut relativ unverblümt die räumliche Präsenz einnehmen.

Stelle dir einen guten Freund mittleren Alters vor, der kreischend um den geschmückten Weihnachtsbaum springt. So oder ähnlich lässt sich sozial positives Gebaren von nicht wenigen Hunden beschreiben. Wäre Lucky gemeinsam mit meinen Hunden in dieser Situation, würde mindestens einer von vier Aussies dem Labrador die Haare frisieren. Die Botschaft des Aussies an den Labi: »Was macht dein unerfahrenes, ahnungsloses, freudiges Gesicht in der Nähe von meinem Gesicht oder in der Nähe der Tür, wenn ich, als ernsterer, also verantwortungsvoller Erwachsener, schauen möchte, was hier IM RAUM geschieht?«

Verstehst du den räumlichen Bezug?

Luckys Geist und sein Gefühl wären nach einigen solcher Interventionen nicht mehr so aufgeschlossen, offen, fix, engagiert, ungeduldig, gesellig, begierig, disponiert, freimütig, fieberhaft, aufgeweckt, weltoffen, offenherzig, wohlgesonnen, kontaktfreudig, leutselig, mitteilsam, vertrauensselig, zutraulich, erwartungsvoll, in atemloser Spannung, kommunikationsfähig, extravertiert, entgegenkommend und vergnüglich.

Er würde mehr auf den Bezug in der Gruppe lernen.

Wie mache ich

1. was wann
2. wenn wer in räumlichem Bezug ist?

3. Du & dein Hund als Gruppe – zur Integration

Wenn ich jetzt aufstehe und mir einen Kaffee unten in der Küche hole, dann werden, etwas aufgeladen, drei von vier Hunden mit mir aufstehen und die Treppe runterlaufen wollen, Aussies halt. Kann ich so laufen lassen. Mit Bewusstsein für Nähe und Distanz lasse ich den Raum offen für eigene Entscheidungen der Aussies, gehe einfach los, und meine Jungs gehen mit, allerdings mit den folgenden drei Dingen im Gepäck:

- Persönlichkeit
- Erlerntes
- Innerer Zustand

Hier drei Varianten dieser Situation:

Wenn meine Stimmung oder eine Entwicklung der Beziehung, es zum Justieren immer mal wieder geklärt haben möchte.

1. Ich nehme keinen Kontakt auf, bleibe ganz bei mir, führe kein Gespräch mit den Jungs. Sie laufen langsam in Richtung Treppe, schauen mich an, betrachten meine Mimik, Gestik und Spannung im Körper. Wenn ich einfach locker weitergehe, nähern sie sich weiter fragend der Treppe, immer noch mit dem Ohr in meine Richtung, Kopf leicht schräg gestellt. Dann scheint die Nummer klar zu sein, und jeder von ihnen bewegt sich so, wie er sich nach dem eigenen geistigen und körperlichen Entwicklungsstand bewegen kann. Die Junioren grätschen sich gegenseitig noch mal rein, provozieren sich, sind untereinander ungestüm, wie der junge Lucky bei Frau Müller. Sie stehen dann unten am Fuß der Treppe schon wieder in der Achtsamkeit – was kommt wohl als Nächstes? – Hütehunde halt.

2. Ich gehe bereits mit folgender Information für die Hunde vom Schreibtisch weg: Alle oben bleiben, alle in Pause, keine Hundepfoten morgens um 5.30 Uhr auf der Holztreppe. Keine Nähe zu mir. Kein Mitkommen erlaubt, bleib da und komm klar mit der Langeweile, dass nichts geschieht. Ich trete auf die Kommunikation in Richtung Bremse: Distanz. Alle meine Jungs drücken den Ellbogen wieder auf den Boden, machen einen leicht belämmerten Gesichtsausdruck, seufzen und beobachten mich beim Gehen. Ich gehe alleine, und das obwohl Teenager mit im Raum sind. Ich schließe keine Tür zwischen mir und den Hunden. Ich kommuniziere, ich arbeite, bringe Energie auf für Erklärungen, ich führe eine soziale Beziehung, die Strukturen enthält.
3. Ich will kontrolliert das Bewusstsein meiner jungen Hunde für sich selbst, ihre belebte und unbelebte Umwelt stärker fördern. Ich sage, sie dürfen bei mir sein, mit einem leichten »Zurück«, total klar und unmissverständlich gesagt, gemeint und ausgedrückt über Mimik, Gestik, Körperachse und Akustik. Also überholen sie mich nicht, denn ich sage über Bereitschaft für Kritik und Fehlermeldung: »Beweg deinen Allerwertesten hinter mich!« So wie es der Hütehund dem Labi an der Haustür erklären würde, nur tue ich es, ohne Ohrlöcher zu verpassen.

Kommunikation kann ganz sexy sein.

Wenn ich Nähe gebe, dann an denjenigen, der sie genau so bedingt.

Wenn die Seite B noch besprochen werden muss, dann muss sie besprochen werden. Ohne »Sitz & Platz«.

Die Bewegung als Biomechanik der Gruppe

Oder genauer, als Biomechanik der Gruppe und des Raumes. Was ich beispielsweise mit meinen Füßen unter dem Schreibtisch Bow gegenüber beschreibe, findet in der Säugetiergruppe den ganzen Tag statt.

24/7/52/15 – 24 Stunden, 7 Tage pro Woche, 52 Wochen pro Jahr, 15 Jahre für den Hund pauschal – alles bewegt sich. Im Kontext, ist das wichtigste Stichwort. Wenn ich nachts aufstehe, kommen zwei der drei Blödis (ganz liebevoll gemeint) mit, aus Liebe und Romantik halt, es sei denn, ich schließe die Tür, dann stehen sie auf und legen sich, sobald die Tür geschlossen ist, wieder hin. Auch diese Bewegung des Hinlegens und sogar die gedankliche Bewegung des Loslösens vom Hinterhergehen ist streng genommen eine Bewegung in den Boden, also in Kontakt zur Ruhe.

Bei meinen Hunden kommt noch der soziale Kontext dazu, sprich, die jüngeren orientieren sich an den älteren, gehen dem einen oder anderen vielleicht noch kurz in einer Übersprungshandlung an den Pelz, bis der ältere sagt: »Geht's noch?« Und dann fließt auch diese Bewegung über in den Bodenkontakt, als Loslösen von Aktion und Dynamik in den Boden, in die körperliche, gedankliche und emotionale Entspannung. Bis die Tür sich wieder öffnet oder ein Außenreiz die Ruhe kurz stört.

Jahrelang habe ich einen Offenstall als Pferdepension geführt, in Ideen und Konzept selbstkreiert, und habe als Pferdewirtin darüber das Prinzip Gruppe verstanden. Elf Jahre meines Lebens durfte ich Hierarchie als Struktur und Romantik trennen lernen. Auch wenn es in diesem Fall leider keine dauerhaft gleiche Besetzung war und blieb, so gab es dennoch zum Glück immer eine große Konstante darin, die Aufgaben waren gut verteilt zum Wohle und zum Kraftaufwand Einzelner und aller. Alle für einen, einer für alle …

Über soziale Systeme versteht man hierüber unsere natürliche Struktur umso besser. Tiere sind sehr viel unverbrauchter, unversauter und ehrlicher, mit Hufen tretend und Zähne beißend stehen sie für sich selbst ein, für die Klarheit, für die Struktur.

Was jetzt gerade zählt, ist Widerhall: mitschwingen und aus Bewegungen hinaus in die Ruhe gehen. Das ist im sozialen Kontext immer aufeinander bezogen, durch Auseinandersetzung in Form von kleinen oder größeren Streits, ganz viel passiert über feinste Minussignale, im Großteil in Form von spiegelndem Verhalten als Angleichen der eignen Bewegung, wie die Hunde meinen Zustand, »Schreiben« oder »einen Kaffee holen gehen«, quasi spiegeln (außer, dass keiner von ihnen schreiben kann ☺).

Alles ist miteinander verbunden und nimmt Einfluss, ständig, 24/7 und so weiter …

Vielleicht kann man sich einen Raum dreidimensional vorstellen, und die Luft ist die Energie darin, die hat einen bestimmten Wert Kilojoule, der dem Raum zur Verfügung steht. Diese Energie wird quasi aufgeteilt in Bewegung Mensch + Hund + Raum. Ob wir es wahrnehmen, verstehen und benutzen oder nicht, spielt überhaupt keine Rolle … es findet einfach statt.

Selbst wenn ich jetzt hier sitze und meine Hunde zu meinen Füßen unter dem Schreibtisch liegen, sind wir in Resonanz darüber, meine Energie ist ruhig, nur meine Hände aktiv, meine Füße haben nahezu Kontakt zum Fell, jetzt gerade seufzt einer, der Wecker meines Sohnes hat eben geklingelt, darüber wurde er wach, hat sich gestreckt und schläft weiter. Wenn ich mich jetzt strecke, möchte ich auch meine Füße ausstrecken und gehe in einen Austausch mit Bow, der liegt immer mitten unter meinem Schreibtisch, auch dann, wenn ich im Bett fünf Meter weiter liege, sein absoluter Stammplatz hier oben in dieser Etage. Mein Bedürfnis zur territorialen Freiheit ist stark ausgeprägt, vielleicht von mir persönlich? Vielleicht durch die vielen Jahre, die ich schon mit vielen Hunden lebe, keine Ahnung, aber es ist mir auch erst in den letzten Jahren bewusst geworden.

Strecke ich mich, ist mein Bedürfnis ohne Wärme, vor allem im Sommer, ohne Fell, ohne Kuscheln. Danach ist mir dann nicht. Bow wäre danach, liegen zu bleiben, und relativ phlegmatisch lässt er sich zu achtzig Prozent schieben, und uns beiden geht es damit blendend, manchmal ist er empfindlicher und reagiert stärker und legt sich zwanzig Zentimeter weiter, manchmal bin ich hysterischer und energetisch geladener, dann ist mein Signal emotionaler, und ich möchte, dass er weiter weggeht. Es ist aber total wiederkehrend ein wichtiger Bestandteil unserer Beziehung am Schreibtisch. Er ist der Älteste der Gang hier oben, und überhaupt, der Stammplatz an meinen Füßen ist seiner. Dave und Kurt sind auch gerne anteilig in Muttis Nähe, Bow immer ein bisschen im Gruppenkontext, aber viel ruhiger und entspannter für sich alleine.

10. Auf Tuchfühlung gehen

Man stelle sich eine Massage vor – ohne den Widerstand einer Faszie

Warum ist die taktile Berührung so wichtig für dich und deinen Hund? Wenn der Welpe bei dir einzieht, hat er seine Berührungsfamilie verlassen, der Körperkontakt zur Mutter und den Geschwistern fehlt auf einmal. Er hatte bisher sicher wenige Momente im Ruhen bzw. Liegen ohne innige Berührung mit seiner Familie. Und nun bist du es, der dem kleinen Hund körperliche Nähe gibt. Denn jeder der Welpen gehört in Körperkontakt zu seinem Halter, so wie jedes Kind im Schoß der Mutter Geborgenheit erfährt. Und damit meine ich beim Hund nicht das beiläufige Tätscheln oder Streicheln. Wenn du den Körper deines Hundes im Gespräch berührst, wird der Dialog von dem Moment an sehr gefühlsbetont, verbunden, innig, privat, persönlich, familiär und intim.

Die taktile Körperkommunikation geht von außen nach innen. Also, wenn ich mit meinen Händen das Fell und die Haut berühre, dringe ich in die tiefe Schicht »Kommunikation und Beziehung«. Daher ist unpersönliches, lapidares Strafen mit Kneifen und Co. für mich ein absolutes No-Go.

Man unterhält sich mit dem Hund über das Innen. Was bedeutet das eigentlich? Für uns Hundehalter, unwissenschaftlich und eher pragmatisch, führt die taktile Nähe zu einer emotionalen Berührung und so auch wieder zu sozialen Bedürfnissen.

Wenn du spürst, dass sich dein Hund in deinen Körper fallen lassen kann.

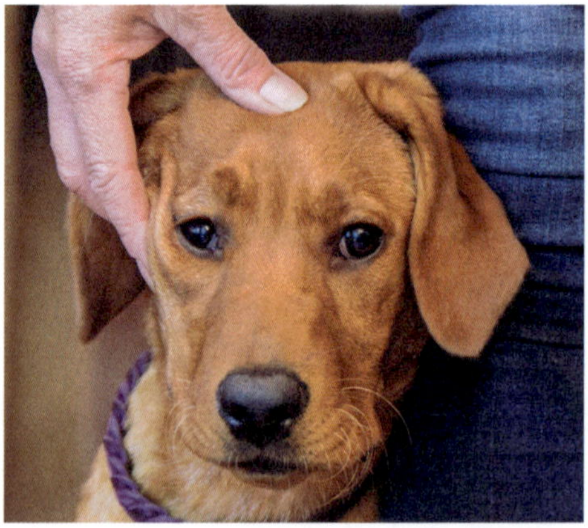

Die Balance zwischen Berühren, Greifen und Streicheln.

Da der Hund unsere Zivilisation und unsere Gedankenwelt so schlecht verstehen kann, ist diese emotionale Unterstützung durch seinen Sozialpartner Mensch für ihn so wichtig. Uns als Hundehalter muss wiederum bewusst sein, was wir im Hund auslösen, wenn wir ihn berühren.

Der Körperkontakt gehört zum Kompetenzgebiet des Hundes und das Streicheln hat der Mensch erfunden. Bringen wir beides zusammen.

Als Einstieg in das Gebiet der haptisch-fühlenden Kommunikation finde ich das Bild des Masseurs total hilfreich.

Jeder hat eine bestimmte Vorstellung von Massage: zur Therapie oder einfach zur Entspannung und Erholung. Stell dir jetzt vor, du gehst zu einer Massage. Deine Schultern sind verspannt, du bist gestresst vom Berufsalltag und freust dich auf die wohltuende, entspannende Behandlung.

Aber, was ist das denn? ... Das Gegenteil passiert! Dein Rücken wird nur leicht gestreift, die Fingerkuppen des Masseurs berühren dich kaum, seine Bewegungen sind übertrieben hektisch, und zu allem Überfluss redet der Masseur von seinem letzten Familientreffen und der Depression seiner Schwiegermutter. Und das jetzt eine Stunde lang? Ich glaube, jeder Zweite unter uns steht schleunigst auf und rennt schreiend weg. Die Frage: Wie geht es dir nach dieser Erfahrung/Enttäuschung? Wie kribbelig wirst du innerlich sein, könntest du dir auch Wut vorstellen? Behalten wir mal die Begriffe »kribbelig«, »Wut« und vielleicht auch »Distanz« im Kopf für die Einsichten später.

Ein ungeübter Schüler muss zu Beginn gegriffen werden, dann berührt, dann gestreichelt. Kein Welpe fühlt sich bei dieser Massage gestraft von seinem nicht strafenden und nicht ungeduldigen Halter. Das ist eine intime Liebeserklärung auf Hündisch.

Unterstützung durch Nähe, ohne Missverständnisse, ist das große Ziel einer Beziehung.

Eine kleine Reise in die Welt der Osteopathie: Faszien bilden das körpereigene Netzwerk, das Muskeln, Knochen und Organe umhüllt. Sie spielen eine wesentliche Rolle für unser körperliches und psychisches Wohlbefinden. Die Gesundheit der Faszien ist direkt verbunden mit unserem Nervensystem, hier werden auch Emotionen häufig blockierend gespeichert.

Wenn ein Hundewelpe seine biologische Mutter verlässt, wurde er mindestens acht Wochen lang, plus seiner Zeit in der pränatalen Phase, in feinster taktiler Kommunikation auf Stimulation und Beruhigung vorbereitet. Stimulation ist wichtig für die wesentlichen Dinge: Herzschlag, Atmung, Verdauung und Bewegung: zum Trinken, zum Mitkommen von A nach B, von etwas weg und für den Kreislauf.

Beruhigung bzw. Regulation ist relevant für die Spannungsfelder, die sich vom Welpen allein in seiner Unerfahrenheit nicht lösen lassen, wie ein handfester Streit mit Geschwistern oder eine Bewegung in eine gefährliche Situation hinein oder sich aufregen, weil man nicht mehr an die Zitze darf … oder, oder. Der kleine Kosmos von Lernerfahrungen in Spannungsfeldern. Bei der taktilen Beruhigung durch die Mutterhündin geht es immer um die Verarbeitung von Gefühlen.

Eine Beziehung lebt in und aus Gefühlen

Auch wenn wir die guten Gefühle vorziehen, uns auf sie fokussieren und versuchen, sie zu erreichen, dürfen und sollten wir besonders auf Folgendes achten: Negative Gefühle finden statt. Und wenn wir uns die gesamte Palette der Basisemotionen anschauen, fällt sofort auf, die negativen Gefühle sind deutlich in der Überzahl, sie umgeben uns

Stellen wir uns den schlechten Gefühlen unseres Hundes, um ihm zu helfen.

viel häufiger, und das aus einem ganz wichtigen Grund: SIE SICHERN UNSER (ÜBER-)LEBEN.

Beschäftigen wir uns damit, negative Gefühle beim Hund wahrzunehmen, diese bewusst stattfinden zu lassen und/oder diese zu verwandeln und zu verarbeiten.

Ein guter Sportler würde sagen: »Man lernt aus seinen Niederlagen.« Es ist immer eine Frage der Betrachtung und der inneren Einstellung: Ein Körper lernt aus seinen schlechten Gefühlen.

Wir bringen Gefühle und Körper ins Gespräch

Kannst du dir vorstellen, dass deine taktile Unterstützung in den körperlichen Bahnen aus Muskeln, Knochen, Faszien und Blutgefäßen bei deinem Hund eine Botschaft übermittelt? Über das sogenannte Öffnen in Form von Ausstreichen findet eine Unterstützung statt: »Mach weiter!«, »Trau dich!«, »Du schaffst das!«, »Du hast ausreichend Ressourcen!«.

Dann verweilen wir an einer Stelle der Blockade und vermitteln die Botschaft: »Halt mal inne dort!«, »Denk nach an dieser Stelle!«, »Fühl mal in diesen Moment!«, »Schau mal nach Ressourcen!«, »Ich bleibe nah bei dir, glaube an diesen Moment!«.

Es folgt ein erneutes Öffnen: »Probiere mal das!«, »Hier ist ein anderer Weg«, »Diesen Weg würde ich mit dir gemeinsam gehen!«, »Wie fühlt sich das für dich an?«.

Man kann es sich vorstellen wie Dehnübungen bei der Physiotherapie oder wie das Ausstreichen von muskulären Verspannungen. Ein guter Osteopath nimmt die Blockade der Faszie wahr und bleibt zum Beispiel gerne an dieser Stelle, der Blockade, also da, wo die Information und damit die Emotion stecken geblieben ist. Der gute Therapeut macht der Blockade, dem gesamten Fasziennetz Lösungsvorschläge.

Ich möchte nicht zu sehr in die Tiefe gehen. Dass der gesamte Körper in allen Systemen – Organen, Muskulatur und Knochen – von Blut- und Bindegewebsbahnen durchzogen ist, wissen wir. Dass besonders die Bindegewebsbahnen, also Faszien, alle Funktionskreise miteinander verknüpfen, sei jetzt hier erwähnt. Die Heilmethode der Osteopathie be-

Wichtig ist: Ich greife, halte und streichle ohne Strafe. NAH zu mir und zu meiner Hand. Zu 98 Prozent aller Fälle ohne Druck.

Es sind eigentlich nur Spannungsfelder. Diese manchmal im Kontext zueinander.

ruht auf dieser Weisheit. Alle gedanklichen, emotionalen und physischen Körpereinstellungen werden hier gespeichert. Jede schlechte Erfahrung.

Taktile Gespräche über Stress und Anspannung

Taktil bedeutet »fühlbar durch Anfassen«. Damit kommen wir zu dem Thema »innere Unruhe, Distanz und Wut«. Dies sind meine Erklärungen für dich als Hundemama/-papa.

Wenn der Masseur deine Anspannung, die du unfreiwillig und zum Teil unbewusst mit in den Dialog bringst, mit unsachgemäßen, nicht nur nicht förderlichen, sondern kontraproduktiven, hektischen Bewegungen malträtiert, wirst du nervös, angespannt, würdest gerne weg, willst das nicht. Daraufhin kommt die Ablehnung deines Körpers als unbewusste Reaktion, und weil du dieser nicht folgst, weil du zu brav bist (gut erzogene Menschen sagen nichts, um bloß den anderen nicht zu verletzen), kommen dann unbewusst Wut und Ablehnung ins Spiel.

Jetzt denkt der eine oder andere: Oh Mann, Nicole, Faszien, echt? Wir wollen über Hundeprobleme reden! – Aber haltet noch kurz durch … es lohnt sich.

Einem guten Masseur geht es nicht um den Fokus auf körperliche Schmerzen, sondern um Vorschläge der Verbesserung zum Lösen von Verspannungen, Fördern von Entspannung, Bahnen-wieder-frei-werden-Lassen. Idealerweise ist er auf der Suche nach der Ursache, statt lediglich eine Symptombehandlung durchzuführen.

Im gesamten Leben dreht sich vieles immer wieder ausnahmslos darum: die Spannung und die Lösung derselben.

Drei Varianten derselben Situation

Kommen wir zu deinem Hund oder Welpen zurück und schauen uns drei Varianten derselben Situation an.

1. Die Hundewelt – zur Beobachtung

In der emotionalen, turbulenten Phase, wenn ein junger Hund viele neue Sinnes-, Bewegungs- oder Gedankeneindrücke zu verdauen hat, ist sein Organismus nicht nur müde, sondern oft auch wirr. Dieser wirre Welpe rennt völlig kopflos gegen seine Mutter und sucht eine Verbesserung seines Zustands, weiß natürlich nicht, wie, weil gerade kopflos und wirr. Er will mit der Mutter toben, ihr in die Ohren beißen, gleichzeitig an die Milchbar, alles in einem Höchstmaß an vulkanartiger – und jetzt kommt es: unachtsamer, plumper, nicht empathischer –, energetischer Struktur.

Was macht die Mutterhündin? Sie hält sich zuerst mal ihren Körper unversehrt: »Hier ist mein Bedürfnis auf körperliche Unversehrtheit und Individualdistanz verletzt. Mein Bereich, mein Ohr, meine Zitze.« Daher ist ihre erste Intervention eher impulsiv: »Das tut weh!«, und vielleicht auch ein »Spinnst du?«. Wie äußert eine Hundemutter das zum Beispiel in ihrer Reaktion? Häufig folgt eine taktile Intervention: Der wirre Welpe wird jetzt von der Mutter gehalten, mit Zähnen und Pfoten, mit ganzem Körpereinsatz, bis die Spannungen nachlassen.

Dann wird in der Entspannung geleckt, also wieder sozial integriert.

Jede Mutter ist Psychotherapeutin. Sie macht aus Unruhe Ruhe, aus Anspannung Entspannung, aus Angst Zuversicht. Sie muss aber in der Lage sein, die Situation erst mit Körper, Geist und Herz zu erfassen und dann zu helfen. Also bietet sie Hilfe an, um die Knoten des wirren Organismus zu lösen.

Keine Mutter dieser Welt würde behaupten, Kinder großziehen wäre ein Kinderspiel. Die Mutterhündin lässt das Kind nicht los, wenn es schreit, beißt und zappelt, sie hält und vermittelt, ohne die Wüterei auf sich zu beziehen. So hält sie den kämpfenden Guerilla fest, bis das Herzchen sich beruhigt. Die Löwenmutter ist weder wütend noch beschwichtigt sie vorher, noch lässt sie vorher los. Das ist Verantwortung füreinander.

Integration nach einer wichtigen Kommunikation ist die einzig wahre Form von sozialer Nähe.

2. Der Familienhund – zur Analyse

Nach dem Erleben vieler neuer Eindrücke ist jeder junge Welpe regelmäßig überfordert und gerät in einen müden, wirren Zustand. Auch Lucky ist in diesem Zustand ungestüm und ungehalten. Frau Müller versucht, ihn zu bändigen, nur wie? Lass uns durch das Schlüsselloch schauen.

Der Welpe sprintet durch das gesamte Wohnzimmer, über Tische und Bänke, Frau Müller hinterher mit kläglichen Versuchen, den Niedergang des Wohnzimmers zu verhindern. Sie läuft dem Welpen also nach. Welche Spur hinterlässt diese körpersprachlich-taktile Information in der Beziehung zwischen Mensch und Hund?

Unsere Sprache versteht nicht einmal der erwachsene Border Collie, ganz zu schweigen vom kleinen Labi-Welpen. Würden sie unsere Sprache verstehen, könnten sie sie benutzen. Sie lernen natürlich Verknüpfungen von Vokalen und diejenigen Worte, die durch beide Körpersprachen, Mensch und Hund, richtig abgelegt wurden, dazu aber später mehr.

Nun läuft ja erst mal ein eher »unerfahrener« Mensch, meistens gut zuredend, hinter seinem Welpen her, also primär beruhigend und beschwichtigend: Lucky, komm mal her, Lucky, ist doch gut, Lucky mach das nicht, Lucky, Lucky, Lucky. Hast du ein Bild vor Augen, stehst du vor dem Schlüsselloch? Kannst du das Schauspiel sehen, erkennst du Anteile der Sprache, der Bewegung, der fehlenden Energiespur? Wer leitet hier die Richtung des Stroms? Hörst du die Wut des Welpen, die kurz vor dem Komaschlaf so gerne durch seinen Geist und Körper tobt? Wenn Frau

Lucky bestürmt sein Frauchen.

Die ideale Kommunikation liefe hier ohne Wegziehen des Welpen oder der Pizza ab: entweder Halter näher an die Pizza als Welpe oder Welpe weiter weg von Pizza als Halter. Nähe und Distanz.

Müller Lucky endlich zu fassen bekommt, dann hackt er einmal in die Hände, und das war's. Dann wird gerufen, geclickert, mit Jackpots gearbeitet und in die Box gebracht, bevor Müdigkeit und Überforderung vollends eintreten.

3. Du & dein Hund als Gruppe – zur Integration

Nehmen wir an, die Katze ist schon aus dem Sack und der Welpe tobt bereits wie ein Hurrikan durch das Wohnzimmer. Ich sehe es, stehe dort, wo ich stehe, und bestaune die Wüterei, bis ich gerempelt oder in die Füße gebissen werde. Zuerst muss ich lächeln über den Tornado der Gefühle im sich entwickelnden Welpenhirn. Dann, wenn der kleine Alligator wiederholt in mich rauscht und versucht, mit mir über seine Expansion und Position / seine Fähigkeiten zur Aggression zu reden, greife ich tendenziell immer seitlich in die Fläche, wo viel Haut und Fell zu fassen ist, zwischen oberen Hals und Schulter. Dort greife ich erst mal nur mit einer Hand hinein, halte und betrachte den kleinen Knirps. Ich bin relativ weich und offen für das Gespräch. Jetzt gibt der Welpe das Gespräch vor: Der Inhalt kommt von ihm, der Radius der Bewegung von mir, in voller mütterlicher Versorgung. Ich bin für dich und deine Explosion da.

Meine Hand ist fest, aber der Energiefluss offen. Mein Gesicht, meine Mimik ist offen, meine Muskulatur hat nur einen einzigen Auftrag: die Position und die Dynamik im Gespräch zu halten. ER IST EIN BABY!!! Ich halte die Struktur, die Gefühle des Welpen lasse ich durchlaufen.

Mit Liebe zum Chaos und zur Verwirrung begegne ich einem Welpen mit höchster Achtung und Empathie. Der Hund macht keine Fehler.

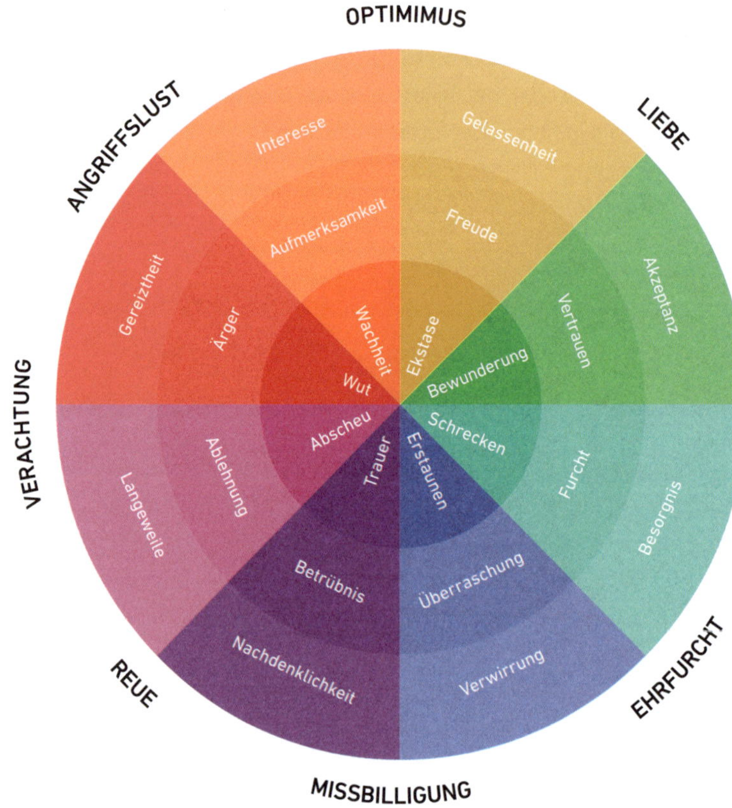

Jedes Gefühl hält neunzig Sekunden an

Jedes Gefühl verläuft in neunzig Sekunden durch den Körper. Nennen wir mal ein paar Gefühle, die auftreten können, wenn die Rage ganz doll ist:

- Frustration
- Empörung
- Aufregung
- Ärger
- Anspannung
- Trotz
- Überforderung
- Ungeduld
- Unruhe
- Unsicherheit
- Sorge
- Schwäche
- Unzufriedenheit
- Verlorenheit
- Wut
- Verzweiflung
- Genervtheit

– um nur ein paar zu nennen. Jetzt können wir auch erneut erkennen, wie ähnlich wir und die Hunde uns sind. Kommen wir zurück zu dem Welpen in meinen Händen.

Sagen wir, das erste Gefühl war die Unzufriedenheit, gefolgt von der Verzweiflung und dann der Wut. Die Wut tut gut, die haut es raus. Lass ihn also einfach kurz wütend sein, ohne gebissen zu werden. Das geht. Jedes Gefühl bleibt wie gesagt regulär neunzig Sekunden, die wartest du einfach ab. Die Wut wird sich verändern. Zum Beispiel kann es so ablaufen: Aus Wut wird durch das Festhalten erst mal Jähzorn, dann kommt die Wut zurück, danach folgt noch ein Grollen. Anschließend ein Verzweifeln, und danach kommt vielleicht Unsicherheit, jetzt ist aber der Welpe nicht mehr im Guerillakampf, sondern sieht eher aus wie ein Häufchen Elend.

Noch mal, er wurde nicht gestraft, er wurde gehalten mit voller Brust an den Glauben der Veränderung. Wenn er »nur noch« unsicher ist, gibt es das Ablecken von der Mutter, also das Streicheln als Ausdruck von Liebe und Nähe: »Ich bin stolze auf dich.«

Was hier fehl am Platz wäre, also einfach nicht zu der Wutphase passen würde, sind die positiven Gefühle, die Frau Müller mit dem Keks oder Clicker in der Kooperation sucht: Die krassen positiven Gefühle können hier nicht stattfinden, die brauchen irre viel Energie, und der Knirps war ja schon lange erschöpft und müde. Die positiven Gefühle wären etwa:

- Begeisterung
- Erfüllung
- Freude
- Glück
- Heiterkeit
- Hoffnung
- Inspiration
- Interesse
- Klarheit
- Komik
- Lebendigkeit
- Lebensfreude
- Leidenschaft
- Lust
- Motivation
- Mut ... habt ihr noch Ausdauer? ☺
- Neugier
- Stärke
- Stolz
- Tatendrang
- Überraschung
- Vergnügen

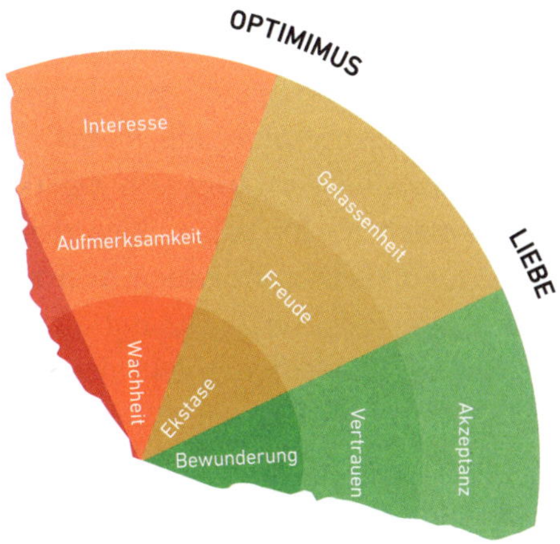

Jedes Individuum möchte in der Handlungsfähigkeit bleiben

Jedes Individuum möchte in der Handlungsfähigkeit bleiben und aus dem Gefühl der Unzufriedenheit, Unsicherheit, Erschöpfung und Sorge nicht in die Ohnmacht oder Resignation fallen. Daher entsteht die Wut. Die bringt den Körper schon ausreichend in Wallung, dass er nicht aufgibt und ohnmächtig wird. Diese Wut im Kind ist also völlig normal! Wut würde idealerweise nur 90 Sekunden bleiben und nicht in einem Beziehungsdilemma oder jahrelanger Leinenaggression enden.

Wenn Hundebesitzer mit Wut auf Wut reagieren, verifiziert das den Irrglauben des Welpen. Wer ist denn der Erwachsene? Wer ist durch Unwissenheit in Not? Ganz klar: Der Hundehalter ist der Erwachsene, der Welpe das Baby. Der Welpe ist in Not, nicht der Hundehalter.

Idealerweise ... Zurück zur Situation, wie ich den Welpen festhalte. Meine Hand ist stark, wie eine Löwenmutter, aber ohne eigene Aufregung, mein Geist und Herz sind ganz frei von eigenen Spannungen, ich bin da, um Elektrizität abzubauen, nicht aufzubauen. Wenn es kein Owtscharka-Junghund mit 45 Kilo ist, bin ich körperlich gut in der Lage dazu. Mein Herz ist offen. Der Welpe strampelt und beißt wütend um sich. Nichts davon hat mit mir zu tun, nichts mit meiner Beziehung zu meinem Welpen. Er ist ganz einfach in seinem Gefühlschaos gefangen und ich lasse neunzig Sekunden vergehen. Stellt euch mal einen Timer. Mein Daumen übt einen – nicht schmerzhaften – Druck in die Tiefen der überspannten Halsmuskulatur aus, daraufhin das normale Feedback eines gesunden Welpen: »Du spinnst wohl«, Empörung macht sich breit.

Das heißt für mich nur, okay, er ist fit und gesund, ergo, meine zweite Hand greift nach, und zwar so, dass die scharfen, kleinen Milchzähne mich nicht verletzen. Ich bin im sozialen Rahmen angekommen, rechts und links, also außen, und arbeite mich nach innen in die Faszien der Muskulatur vor, dahin, wo alles schlägt, kratzt und beißt, sich windet. Dort gehe ich tief hinein, mit Liebe und Zuwendung, wie ein Masseur, der Energie für deine Faszien und Verklebungen aufbringt, ich bringe Energie hinein, denn Mutter-/Vatersein ist ein Auftrag, und der ist das Gegenteil von Kinderspiel oder Kasperletheater. Es kostet zurecht ganz viel Überzeugung und Kraft = Energie und Präsenz.

Kannst du dir den Griff vorstellen? Findest du Bilder im Kopf? Könntest du dich gespiegelt in meine Position denken? Kannst du aushalten, halten, dir Zeit und Energie für dein Kind nehmen? Du wirst sehen, wenn der Bewegungsdrang / die Dynamik kleiner gehalten wird, die Liebe und das Herz weit sind, wandelt sich aus Wut ein neues Gefühl, versprochen.

Wie zum Beispiel:

- Erleichterung
- Ausgeglichenheit
- Bewunderung
- Dankbarkeit
- Frieden
- Geborgenheit
- Gelassenheit
- »Liebe«
- Mitgefühl
- Ruhe
- Sympathie
- Verbundenheit
- Wertschätzung
- Zärtlichkeit
- Zuversicht
- Hemmung
- Respekt
- Sehnsucht
- Vorsicht
- Vertrauen
- Zufriedenheit
- Leichtigkeit
- Unbeschwertheit
- Sicherheit

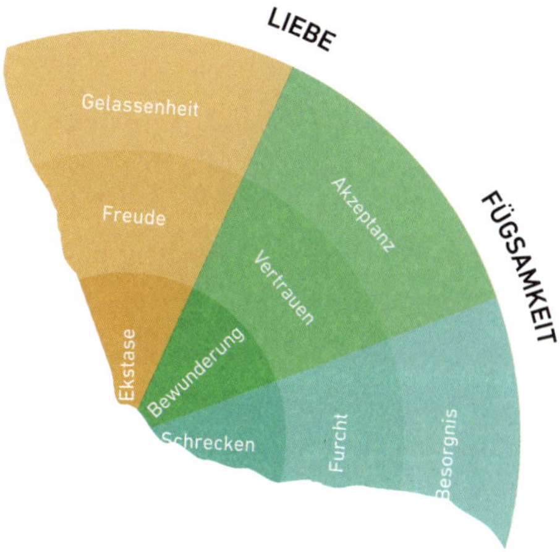

Damit hätten wir in diesem Kapitel die wichtigsten Gefühle für eine gute Beziehung zwischen dir und deinem Hund benannt.

Ich hoffe, Hundebesitzern oder Eltern die Augen, Ohren, Hirne und Herzen zu öffnen: Denkt nicht immer in der Spur der positiven, dopamingeladenen Gefühle (grün), sondern vertraut auf die gelben Gefühle. Warum, erzähle ich noch ganz ausführlich später.

11. Der Umgang mit »guten« und »schlechten« Gefühlen in familiärer Interaktion und sozialem Austausch

Wer/wie bin ich? Inwiefern beeinflusst dich das Wie?

Hier vier unterschiedliche Antworten, die der Welpe erhält, je nach Situation.

Nähe: 1. Ja in Dynamik, 2. Ja in Ruhe und Zuwendung.

Distanz: 3. Nein im Streit, 4. Nein durch die Co-Regulation.

Hieraus entwickeln sich soziale Fertigkeiten: Wie machst du etwas? Der Junghund besitzt Kenntnisse und beherrscht bereits Selbstregulation.

Das bedeutet so viel wie: Nach dem Zahnwechsel bis zur Hochranz in der Pubertät benötige ich als Hundemutter weniger oft die Energie für jede der vier Antworten.

Hieraus entwickelt sich soziale Kompetenz: Der Erwachsene entscheidet. Der erwachsene Hund kann fühlen, denken und handeln und es angemessen erleben und zeigen. Er entwickelt jetzt erst Empathie.

Die gelben Gefühle sind die der Familie

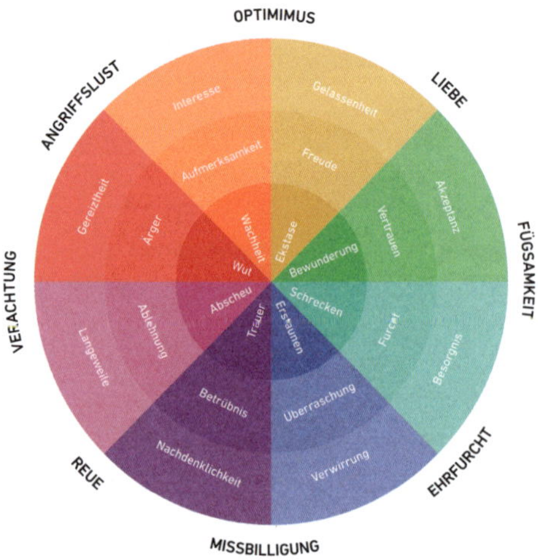

Die »Ich bin für dich da«-Gefühle. Ich versorge dich und helfe dir bei deiner Entwicklung und Sicht auf die Welt. Ohne »Sitz«, ohne Strafe und ohne Superjackpot wird körperlich sozial unterrichtet.

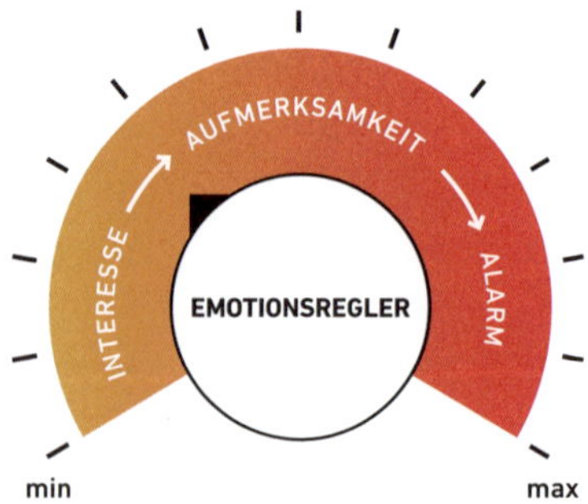

Noch einmal zurück zu dem Welpen. Welche Gefühle hat ein Welpe, der taktil mit dem Maul und den Vorderpfoten von seiner Mutter gehalten wird, oder von meinen Händen?

Zu Beginn die Wut, und dann? Schaut in den Kreis mit den Basisemotionen, die Wut ist feuerrot. Durch das neunzig Sekunden stattfindende Gehalten-Werden in der Co-Regulation, ohne Strafe, wird die Wut gedimmt. Sie wird zu Ärger, und aus Ärger wird Gereiztheit, und ganz häufig kommt aus der Gereiztheit eine kleine Ursache hervor, die meist Unsicherheit oder Erschöpfung heißt. Du kommst gemeinsam mit deinem Welpen da hin.

Verstehst oder spürst du die Reihenfolge? Der Ablauf steht im Vordergrund, nicht die genaue Bezeichnung des Gefühls. Es geht um Prozesse. Du kannst ihn unterstützen, u.a. durch hemmen.

Lasst Welpen Welpen sein und ausflippen mit der genau richtigen energetischen Resonanz, also Feedback dazu.

Jedes Kind und jeder Welpe kommt ohne einen Funken von Impulskontrolle und Selbstregulation auf die Welt, denn sonst würde er drohen zu verhungern und zu verdursten, zu erfrieren, in Gefahr zu geraten …

IMPULSKONTROLLE = 0

SELBSTREGULATION = 0

Also er hat ein ganz und gar ungeschultes Nervensystem und er ist praktisch ein reines, weißes Blatt Papier, was emotionale Umgangsformen mit anderen Individuen angeht, völlig egal ob gleichalt, jünger oder älter.

Der Welpe weiß es nicht, aber er prüft und sammelt permanent Erfahrungen zum Lernen. Jedes Kind muss als Säugling auf das stabile Nervensystem seiner Mutter zurückgreifen. Ein Baby kann sich nicht alleine beruhigen, es würde verhungern. Es kann nur über das Nervensystem der Mutter die Erfahrungen zum Entspannen machen. Mach dir ganz genau bewusst, wie wichtig es ist, nicht selber in Stress, Not, Wut oder Ärger zu geraten.

Wenn wir diese Basisemotionen stammesgeschichtlich und aktuell betrachten, wird uns kaum ein Unterschied zwischen Mensch und Hund auffallen. Hier sind wir uns sehr ähnlich. Zum Glück, oder auch nicht.

Wer es ganz genau lesen möchte: Alle anderen Emotionen sind Sekundäremotionen, die sich aus Mischungen oder Kombinationen der Basisemotionen ergeben. So ergibt sich Optimismus aus einer Kombination von Aufmerksamkeit und Freude, Liebe entsteht aus Freude und Vertrauen, Fügsamkeit aus Vertrauen und Furcht etc.

Auf benachbarten Zonen befindliche Emotionen sind einander sehr ähnlich, gegenüberliegende gegensätzlich. Als Gegensatzpaare ergeben sich hieraus: Aufmerksamkeit – Überraschung / Freude – Betrübnis / Vertrauen – Ablehnung / Furcht – Ärger.

Jedes Signal des Körpers ist im Ursprung für einen kurzen Moment in dieser Emotion. Stell dir alle acht starken Emotionen mal vor und überlege, wie dein Körper diese zeigt.

Ich bin mir sicher, wenn du dir die Gefühle und das Chaos in deinem Hund vorstellst, dich selber in der aushaltenden Position, siehst, ist deine Vorstellungskraft groß genug für das gefühlte Dimmen von Jähzorn zu Wut, von Wut zu Ärger, von Ärger zu Verdruss, um dann kurz danach vielleicht schon wieder in die Entspannung zu kommen. Wichtig ist: Du bist dort weder angreifbar durch die Zähne noch wütend über den Fehler, den dein Hund macht. Du hältst »einfach« mal stand als Erwachsener, den Wandel der Gefühle macht das Kind alleine.

12. Welche Art der Kommunikation wann?

Was ist mit den Grenzen von visueller Aussprache oder taktiler Inschrift?

»Feuerdrache oder Löwenmutter« wäre eine alternative Überschrift für diesen Abschnitt. Feuerdrachen gehen mal in die Offensive und klären im Streit quasi optisch, wer hier die Regie führt. Es ist eher mal ein Streit der Auseinandersetzung wegen, ideal niemals dann, wenn der eigene Hund bereits im »größten« seelischen, emotionalen Problem ist, das ist so mies.

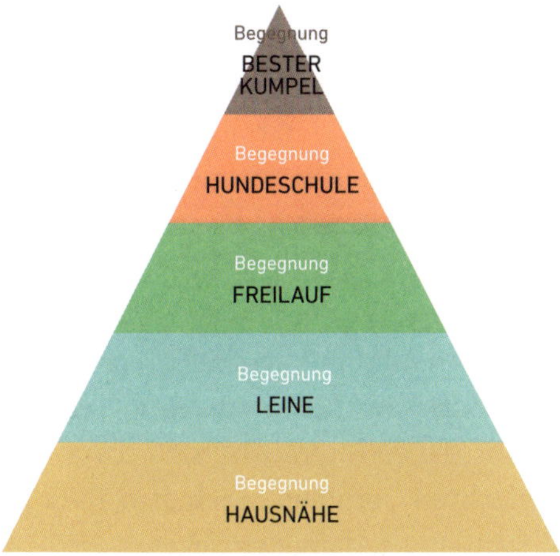

Die Pyramide beschreibt die Angsthierarchie für deinen Hund. Trage für dich ein, was es in Abstufungen für Probleme/Sorgen/Ängste/Frust gibt, entsprechend dem Beispiel unten. Dabei gilt: ganz unten: DEIN HUND KANN NICHT ANDERS. Ganz oben: DEIN HUND WILL NICHT ANDERS. Wie hoch ist seine Entscheidungsfähigkeit, aus seiner Sicht der Raumsprache? Wie viele Vorstufen, wie viele Vorerfahrungen gibt es für deinen Hund in der Impulskontrolle, Frustrationstoleranz und Selbstregulation?

Ein Beispiel:

1. Situation: Du bist mit deinem Hund ohne Leine unterwegs. Er läuft ein wenig vor und ihr beide seht seinen besten Hunde-Kumpel. Schaffst du es mit Leichtigkeit körpersprachlich, verbal, ohne Anfassen, Anleinen, in der gleichen Gehbewegung verweilend, dass ihr am anderen Hund vorbeilauft?
2. Situation: Ihr steigt vor der Hundeschule aus dem Auto, ohne Leine, und geht in Richtung Hundeplatz, ohne dass dein Hund zu anderen Hunden hinrennt, die er mag, kennt und so weiter.
3. Situation: Dein Hund läuft frei, er ist nicht in der Nähe eures Zuhauses und es dämmert nicht. Da kommt ein angeleinter fremder Hund und bellt. Ihr geht an ihm vorbei.
4. Situation: Dein Hund ist angeleint, während ihr einem anderen Hund begegnet.
5. Situation: Ihr begegnet vor der Haustür einem anderen Hund.

   Hier ein Beispiel:

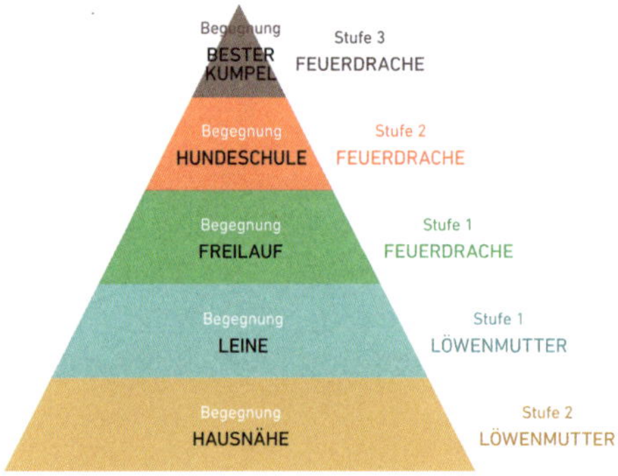

Als Feuerdrache kläre ich mal zu Recht: Du spinnst wohl! Und zwar dann, wenn mein Hund entscheiden kann, was er tut. Also wenn er eher lustbetontes Verhalten zeigt. Fakt ist und bleibt, noch mal um es in das Hirn und das Herz aller Hundebesitzer zu meißeln: Wir klären in Taten, nicht in Worten. Ich vergesse immer wieder, wie schwierig das Umdenken für Ungeübte ist. Sei ein Feuerdrache mit dem Körper! Ohne kneifen, schmeißen und brüllen.

Es fällt vielen Menschen wirklich schwer, ich versuche immer wieder, daran zu denken, mit viel Geduld und Muße. Aber in dir und den meisten Hundehalter-Köpfen ist ja ein Wunsch da, sonst hättest du nicht dieses Buch begonnen zu lesen.

Handele optisch. Stell dir einfach mal vor, dein Hund ist taub, vielleicht wird es dadurch leichter, schleichen sich weniger Fehler ein, kommt mehr Routine, darüber Intuition. Trau dich, das ist die wichtigste Information. Trau dich, die Ebene zu finden. Lerne sie ausführen, lerne, dein Gegenüber Hund wertzuschätzen, und finde zurück zu deiner Ursprünglichkeit: Drücke dich selber aus, sprich mit jeder Zelle deines Körpers über das, was du jetzt gerade empfindest ... streite, versöhne, lache, motiviere, beschütze, umsorge, tröste, und das alles mit den Gedanken über den Körper ausgedrückt (nutze Sprache notfalls für dich allein als intermediäre Brücke), und mit dem Körper zum Herzen hin, mit dem Herzen zum Hund:

Gedanke – Handlung – Gefühl

Dann antwortet dir dein Hund mit:

Gedanke – Handlung – Gefühl

Die eigenen Widerstände betrachten

Ich weiß, dass diese Körperbewegung, die motivierende und harmonische Geste in lockerer Körperspannung mit viel Lächeln im Haltergesicht, einladend vom Hund weg, eine beliebte Bewegung ist. Sie ist freundlich gestimmt und ich kann meinem Hund ein »guter« Freund sein. Nur, dass darüber dem Hund jegliche Erfahrung verloren geht, sich sozial mit schlechten Gefühlen durch dich als Sozialpartner auseinanderzusetzen.

Verstehst du meinen Fokus? Es ist so schade für deinen Hund, wenn er ab der achten Lebenswoche faktisch jede Bewegung selbst entscheiden muss, weil die Wege räumlich-optisch, also biologisch, immer offenstehen. Er kann seine Handlungen ausführen, weil niemand ihn körpersprachlich innehalten lässt. Somit ist seine eigene Wahrnehmung biologisch

Harmonie ist nicht immer angebracht. Nähe wäre ein Ergebnis, nicht das Werkzeug.

Das Energiefeld zwischen dem Hund und mir ist aktiv, trotz der Pizza zwischen uns. Meine Kommunikation ist klar.

betrachtet grenzenlos. Die Leine ist leider nicht biologisch, sondern diejenige, die die Leinenaggression stabilisiert. Das staut als Erstes die Gefühle.

Vielleicht magst du es im stillen Kämmerlein mal vor dem Spiegel üben, wenn kein Hund und kein Mensch mit im Raum ist, auch nicht akustisch, bring notfalls den Hund kurz ins Auto. Bringe die Energiefelder in dir zum Ausdruck, die aus deinem Körper Flammen entweichen lassen, komm mal richtig aus dir heraus. Die Energie arbeitet, wenn die Entschlossenheit zum Habitus wird, ich Klarheit kommuniziere und mein Gegenüber sehr gut nachgeben kann.

Die Voraussetzungen dafür sind, dass a) meine Grundeinstellung nicht Wut ist, aber meine Energie hochgefahren ist, b) mein Timing sauber ist, c) meine Energieflugbahn minimal vor der des Gegenübers verläuft. Schwierigste Übung für Anfänger.

In die taktile Unterstützung gehe ich ohne offensive Verhaltensstruktur, ich korrigiere nicht, wenn ich meine Hand im Pelz habe. Das ist mein Versprechen an dich: Ich packe niemals zu aus Aggression. Ich bin aber im Fall von Gefahr dennoch schnell und offensiv mit der Hand am Fell, sonst wäre mein Hund über alle Berge. Aber ab da arbeite ich nicht mehr aus meiner Energie heraus, sondern bin nur noch präsent. Dabei kann ich unterstützend anleiten oder nur halten und auslaufen lassen, siehe Beispiel Wut beim

Welpen und der Regler, da läuft quasi jede Energiestufe der Wut oder auch der gezeigten Aggression aus dem Welpen raus, weil sie durch den Körper war.

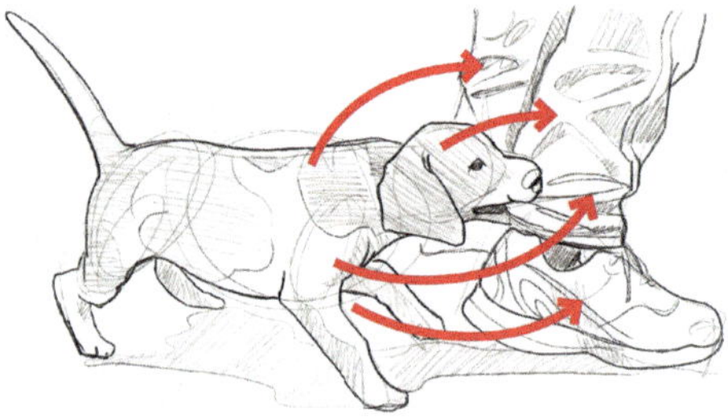

Das bringt Vertrauen in die Gruppe, meine Hände sind nicht das Instrument der Aggression, sondern die Stabilität der Familie. Heißt für dich übersetzt, jedes Kind, jeder Welpe wird dich mögen, dir vertrauen, sich nicht gestraft und ungerecht behandelt fühlen. Du wirst somit keine Schwierigkeiten haben, mit deinen Händen an den Welpen zu kommen, er wird nicht flüchten wollen. Das Aber erklärst du deinem Welpen über das sogenannte Dranbleiben, halte ihn total freundlich mal davon ab, sich wieder zu entfernen, halte ihn liebevoll für einen kurzen Augenblick fest.

Der Einsatz der Hände liegt im Bereich des Therapeuten oder Freundes. Der reine Erzieher bleibt zum Großteil der treibende, visuelle, vor sich haltende, energetische Feuerdrache, also drohende Kraft.

Streite energetisch, dabei darfst du auch mal einen starken Impuls mit deinem Körper erzeugen, auf den Oberschenkel klatschen oder den Körper deines Hundes berühren, aber nur kontaktierend, mit Fingerspitzen berührend ... Wie eine gute Fee, mit einem guten Ziel. Das lohnt sich besonders bei der Mehrhundehaltung zur Fokussierung des Dialogs unter vier Augen.

Die Energie geht also in Richtung Hund, der Fokus liegt auf dem Blick, der Körpersprache und dann der Mimik; leicht die Haut berühren. Der Körper des Hundes ist energetisch nun extrem aufgeladen, die Fingerspitzen geben die Energielaufbahn ab. Sobald du die ganze Hand benutzt, wird die Energiebahn der Drohung auf jeden Fall durchbrochen, denn in der Handinnenfläche ist ein Ruhepol. Halte den Körper als Erwachsener, nicht mit dem Feuer des Drachens.

Noch ein Hinweis: Sobald du deinen Hund mit Schieben zu bewegen beginnst, wird sein Körper sofort in den Widerstand gehen. Versuche mal, einen Esel von einem Sack Möhren wegzuschieben, der Effekt ist derselbe: null, na ja, eher minus, wegen des Widerstandes. Und ja, Hunde sind Opportunisten, sie leisten und verändern »nur« so viel wie nötig.

Schauspiel nur für dich

Probiere dich gerne als Feuerdrache und gute Fee vor dem Spiegel aus, scheue dich nicht vor Drohübungen. Wenn du dabei lachen musst, hellt das den ganzen übrigen Tag auf, dann war es genau

Achte insbesondere auf die klaren Strukturen, die sogenannten Körperachsen.

dafür wichtig. Es bringt Leichtigkeit hinein.

Eine andere Variante: Hast du schon mal junge Rüden in den ersten männlichen Gesprächsversuchen gesehen, wie sehr sie sich anstrengen müssen, um aus dem Imponieren in das offensive Drohen überzugehen? Das ist ein ganz krasser, kraftaufreibender Akt: Zuerst baut der Rüde Körpergröße auf, dann wird er zunehmend fester in seiner Anspannung, wendet sich im Übergang vom Imponieren zum Drohen dem Konkurrenten zu. Hierbei ist er unendlich bemüht, sehr selbstsicher, zielorientiert und unheimlich stark zu wirken, selbst wenn er das nicht leichtfertig aus seiner gemachten Erfahrung oder Überzeugung bereits ist. ES MUSS SO WIRKEN. Das ist unglaublich anstrengend: gedanklich, emotional und körperlich.

Für das persönliche Körper-Coaching könnte man das durchaus mal, abgesprochen, natürlich ;-), mit Mitmenschen ausprobieren.

Wenn du das geübt hast (oder auch wenn nicht), probiere es unbedingt in leichten Situationen aus, etwa beim Nachhausekommen, wenn dein Hund nicht schon in der Eskalationsleiter auf Stufe zwölf von zehn steht. Das kann so aussehen:

Du stehst vor der Tür und konzentrierst dich auf den Gedanken: ICH ÜBE JETZT STARK UND ENTSCHLOSSEN, IM DIALOG ZU SEIN.

Du gehst hinein und konzentrierst dich auf die anstehende Handlung: ICH HALTE JETZT MEINEN HUND FÜR 1,5 MINUTEN VOR MIR (auch wenn er versucht, mir auszuweichen, und lieber Kaffee trinken gehen möchte).

Das innere gedankliche und emotionale Bild könnte sein: »Ich bin Katzenliebhaber!« Raus aus dem Widerstand.

Zur »Mutter«-Liebe gehört eine wichtige Rolle.

Nach ein paar Sekunden in dieser Situation erkenne ich Reflexion bei meinem Hund, ein Nachdenken, mit mir in Austausch gehen, ich *fühle* seine Anpassung und gehe aus dem Druck des Schiebens heraus, lasse ihn kurz dort stehen, wo er steht, und das überhaupt mit einem kurzen Zeitverlauf erst verstehen oder lernen kann. Dann sende ich mir und ihm ein Lächeln und verhalte mich bei einem gehemmten Hund einladend, bei einem ungehemmten Bollerkopp gehe ich einfach meine Jacke ausziehen.

Ihr beide, also du und dein Hund, speichert beide das Gefühl der Verbundenheit, das ist der Klebstoff für eure Beziehung voller Vertrauen, Respekt, Partnerschaft. Es ist die Sprache des Hundes, also wird er sie noch beherrschen, übe du die Rückkehr zur biologischen Familie. Du triffst Entscheidungen als Mutter/Vater. Du leitest mit einem guten Gewissen manche Strukturen der Wirrheit. Lasse Kinder und Jugendliche im Chaos, da gehören sie hin, sei du der Erwachsene, der Strukturen aufzeigen und erklären kann, im Körper und Gefühl, im Geist bist du es bereits.

13. Biomechanik: das Gesetz der Gegenbewegung

Physik trifft Biologie – Wir üben zu beobachten

Hier erneut der Satz, um den es geht: **Hunde sind gesunde Opportunisten, sie geben und verändern »nur« so viel wie in ihrem System erforderlich.**

In den Vordergrund möchte ich natürlich den Dialog zweier Individuen stellen. Physikalisch ausgedrückt: Habe ich rechts einen blockierten Wirbel, bekomme ich links Knieschmerzen. Alles möchte ins Gleichgewicht. Grundsätzlich ist das auch bei einer Gruppe, einer Familie, einem Rudel, einer Herde, einem System so. Aber jedes Individuum sucht seine Wirkung und seine Position, so entsteht eine fortwährende Dynamik. Wir bleiben im Gebiet der Erziehung, gehen nicht zu sehr in die Therapie.

Erinnerst du dich an das Bild des Raumes und der Gesamtenergie in einem sozial belebten Raum? Wie bewegt sich diese Energie in Form von Absichten und Dialogen? Man stelle sich erneut die Situation »Hundegruppe empfängt Coop an der Haustür« vor:

Coops Ziel ist es, hineinzugehen in seinen komfortablen Raum.

Die Gruppe, das »Fußvolk«, hat das Ziel, den »Halbgott« kurz zu kontaktieren in aktiver Demut, ihre Hingabe unter Beweis zu stellen. Mit hinein spielt

die Freude darüber, dass endlich etwas passiert, immer mit der Bereitschaft, wieder auf Distanz zu Coop zu gehen. Der ist unendlich gnädig, angemessen, freundlich, wohlwollend und doch so arrogant bei sich, dass es Lust macht, er zu sein.

Der Widerhall im Raum ist deutlich zu spüren, diese Form von rein körperlicher, also biologischer Distanzhaltung einer Leitfigur macht sie unfassbar anziehend. Ein Hund, der sich sehr bewusst um sich kümmert, um darüber der beste und wichtigste Part in der gesamten Gruppe zu sein, ist der unumstrittene Rudelführer. Wenn Coop nur kurz die Luft anhält, ist der Abstand unmittelbar vergrößert, die Seite gegenüber steht in klarer Resonanz.

Coop sagt allen Gruppenmitgliedern, was notwendig ist für ihn in diesem Augenblick. Er setzt die natürliche Grenze – für sich und sein Wohlbefinden, nicht wegen der Aufgabe der Gruppenleitung.

WIE FUNKTIONIERT DAS PRINZIP VON URSACHE UND WIRKUNG?

Da das Prinzip in der Pferdewelt geläufiger ist, beschreibe ich es einmal anhand dieses Beispiels: Wenn man eine Pferdeherde mit einer Drohne beobachten würde, wäre eine Gesamtmasse zu sehen, in Bewegung durch Interaktion. Ein permanentes Energie-Schieben und Energie-Weichen. Ein alltäglicher Tanz. Wenn ein ranghöheres Tier den energetischen Druck auf die Vor- oder Hinterhand eines anderes Pferdes legt, wird dieses an genau jener Stelle reagieren, unter Umständen ausweichen: das Prinzip von Ursache und Wirkung.

Wir merken uns: VORHERSEHBARKEIT und BERECHENBARKEIT bilden die Grundlage dessen, was wir VERTRAUEN NENNEN.

Harmonie entsteht in der Mitte

Wenn ein Pferd innerhalb der Herde die angemessene Energie in die Gegenrichtung bewegt und bereit ist, kurz zu warten, ob es so passt für das Gegenüber, ist der ganze Job getan, die Resonanz hat stattgefunden, die Beziehung steht auf guten Säulen.

Vielleicht hat der eine oder die andere mal eine Pferdeherde beobachten können. Wenn wir uns uns aus der Vogelperspektive einen attraktiven Futterplatz mit Heuraufe vorstellen, sehen wir, wie die Pferde sich mit feinsten Körper- und Energiesignalen gegenseitig bewegen, wie ein wunderschönes Mobile. Sie schieben sich aufeinander achtgebend mit ihren jeweiligen Persönlichkeiten durch den Paddock, schreiben ihre Energiebahnen in den Sand und setzen drohend mal Impulse, mit schnellen Schritten (»Imponierjagen«), die Hufe drohend nach vorn gehoben. Oder sie simulieren ein Nach-hinten-Austreten, um sich und den Raum, ihre Herde oder den Futterplatz zu schützen.

Sie behaupten sich im Senden von Ich-Botschaften. Was im Gegenüber re-

Erst durch Gegenbewegung, Anpassung und anschließende Entspannung existiert das Prinzip von Harmonie, Respekt und Vertrauen.

agiert, ist die Körperpartie, die energetisch getroffen wird; sie weicht aus und passt sich an. Der Impuls des Hufes, des Gebisses, der Bewegung der Schulter trifft auf die Körperpartie eines anderen Pferdes, und zwar so, dass diese Körperpartie wie bei einer Waage nachgibt, in Form von ausgleichenden und anpassenden Bewegungen. Einerseits ausweichend im physiologischen Sinn und andererseits ausgleichend im Sinne von psychologisch/sozial anpassend, nachgebend. Zum Wohle aller, das bedeutet: ZUM WOHLE DER SOZIALEN, BELEBTEN WELT. Die Balance ist für das Gruppengefüge ganz entscheidend.

Das notwendige Senden einer ICH-Botschaft. Für die eigenen wichtigsten Privilegien bzw. Grundbedürfnisse.

Überall muss und möchte alles wieder ins Gleichgewicht zurück

Ich gebe Energie in eine Richtung, muss dadurch meinen Körper und Geist am Tagesende mit einem Müsliriegel mehr versorgen, um die aufgewendete Energie in Kilojoule wieder hereinzuholen. Ich sorge so für mich selbst.

Das bezeichne ich übrigens als Verantwortung für meine Hunde oder Kinder: Ich sende eine Ich-Botschaft in Form von Selbstfürsorge, ich setze Grenzen für mich zum Wohle der Gruppe.

Die Gegenbewegung

Der Geist sagt: Ich möchte mich bewegen und Raum gewinnen im Dialog.

Der Körper sagt: Ich gehe in die Straffung, Adrenalin wird ausgeschüttet, der Sympathikus ist aktiviert. Ich gehe ohne Wut auf den vorderen (initiierenden) Teil von Schulter, Kopf, Brust, die sogenannte Vorhand, meines Hundes zu, mit der Intention: Der Hund soll den Raum freigeben und als Antwort auf meine körperliche Aktion die entsprechende Gegenbewegung zeigen. Ich gebe Druck

Ich als Erwachsene gebe eine angemessene Struktur vor und führe die Energiebahn.

hinein, er lässt Druck weichen. Meint, der Hund steht auf dem vorderen linken Bein und lehnt sich zu mir hin, ich arbeite mich optisch drohend in Richtung vordere Schulterpartie.

Geist und Körper laufen bei mir auf Hochtouren. Mein Gefühl, noch ohne Antwort des Hundes: wollend, zielgerichtet, zuversichtlich, beharrlich (»Ich kann das«).

Dann: Der Körper des Hundes reagiert, er verlagert sein Gewicht, weicht nach hinten, zeigt eine sozial angepasste Mimik (Demut).

GEDANKE HUND: Oha, ich glaube, es ist für uns alle besser, wenn ich gehe, mich anpasse, die hört nicht auf, was hat sie nur?

KÖRPER HUND: Er weicht zurück, die Muskulatur geht mit jeder Energie und Spannung von mir weg nach hinten, verweilt und überlegt.

Dann: Meine Spannung und mein mimischer Ausdruck gehen auf null zurück.

Beide stehen wir nun, jeder für sich, im eigenen Gleichgewicht nach unserem Abgleich. Aber ich war die Leitung, ergo die Erwachsene.

Das ideale Ergebnis ist da, die Spannungen haben sich energetisch ausgeglichen. Jetzt steht jeder energetisch kurz für sich, wie eine Sonnenblume, verbunden mit dem Boden, oben schwingend in der Luft. Jede der beiden Sonnenblumen steht und schwingt für sich.

Du kannst das gerne probieren und schwingen wie eine Sonnenblume. So verweilt dein Hund, wo er ist, und entspannt auch, er schwingt wieder für sich, wenn auch in leichter Verbindung zu dir. An genau dieser Stelle startet die Idealform eurer biologischen Beziehung.

Dieses Gleichmaß im sozialen Kontext fühlt sich ganz warm und weich für beide, Hund und Mensch, an, da die Resonanz in idealer Form in der Lage ist, über soziale Spannungen zu verhandeln. Wenn diese Resonanz bei Familienmitgliedern (egal ob Hund oder Mensch) fehlt, haben die Hunde keine Lösungsansätze zum Überwinden eigener Spannungen. Das führt wiederum zu Problemen, Störungen und Krankheiten. Jeder möchte für sich und seine Familienmitglieder diese soziale Resonanz.

14. Eindruck durch Energie und Bewegung

Wer bewegt wen? Die Frage ist bekannt, aber häufig missverstanden, glaube ich. Wenn ein Mensch zu seinem Hund sagt: »Mach Sitz«, denken unendlich viele Hundebesitzer, sie leiten ein System.

Energetisch betrachtet findet in achtzig Prozent der Hundeschulen das »Sitz« oder jedes andere Kommando über die vom Hund aus initiierte, also freiwillige Bewegung, innere Einstellung und das Gefühl statt, also über die Energielaufbahn des Hundes, nicht des Menschen. Biologisch betrachtet ist es außerdem nah an einer Zirkuslektion.

Lucky, Frau Müller und die Fleischwurst

Lucky, der Welpe, ist abgelenkt. Frau Müller möchte aber »Sitz« üben: Sie spricht und lockt gleichzeitig über starke Motivationsgesten: Kleiner superdupergnädigster sechzehn Wochen alter Prinz, du hast deine Sinne zwar überall, nur nicht bei mir, aber die Fleischwurst würde dich bestimmt frohlocken lassen (»Kevin, hier schau mal, das neue iPhone!«).

Der Welpe streckt lüstern seinen Kopf in Richtung Hand, er wird bereits sehr dreist, missachtet viele Gesten und Energielaufbahnen von Frauchen, ist unfassbar gierig, agiert frivol im Raum seines Menschen, während seine innere Gedankenspur durchaus sein könnte: »Gib her, Alte!«

Frauchen ist aber so beglückt über den unverschämten kleinen Racker, dass sie weitersäuselt: »Mach fein Siiiiitz!« Er wiederum springt hoch, Mutti weicht noch rasch den dreckigen Pfoten aus, dann setzt sich Lucky irgendwann

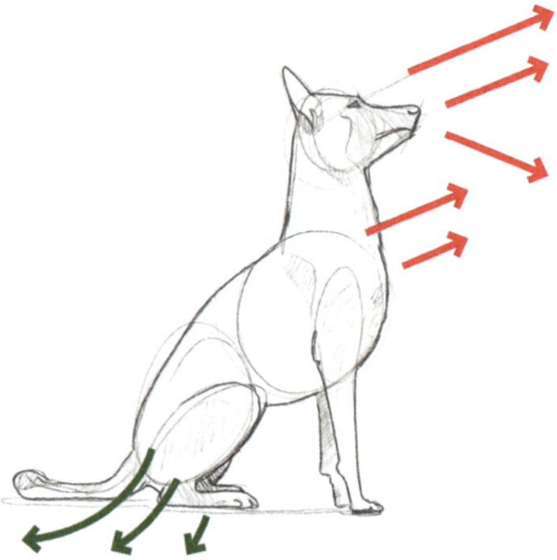

»FEIN, SITZ.«

hin, bleibt aber innerlich total ungehalten: »Krieg isch Handy, Alte?«

Aber er sitzt und Frau Müller füttert Fleischwurst. Wie viele Hundeschulen betreiben das so? Hier fehlen das Achtgeben auf Anstand, Respekt, Dialog und die Fragen: Wer hört wann zu und warum? Wer leitet einen Körper- oder Energieraum?

Diese Frage kannst du dir selbst beantworten, wenn du dir vorstellst, anstelle von Frau Müller stünde ein ranghoher, klar strukturierter Cooper dem sechzehn Wochen alten Labradorwelpen gegenüber. Stellen wir uns vor, die Fleischwurst würde zwischen den beiden Protagonisten vor Luckys Nase in der Luft schweben und er würde genau den gleichen niedlichen »Wie komme ich daran«-Tanz aufführen wie bei Frau Müllers »Sitz« – was würde Cooper zum Bodytalk des Welpen wohl sagen?

In Situationen wie der oben beschriebenen führen sehr oft unsere Hunde den energetischen Raum zwischen uns und ihrer ganzen sozialen Welt an. Leider.

Aber Frau Müller denkt immer noch, wenn Lucky mit diesem dreisten Gesichtsausdruck, ihr auf die Pelle rückend und stark speichelnd zur Hand starrend, dasitzt, führe sie das Gespräch …

Ich hoffe, du verstehst die Laufbahn-Dialoge nun anders.

Also, wer leitet die Energie? Ich glaube fest daran, dass unsere Gefühle, Einstellungen und Aussagen als Energiebahnen in einem gemeinsamen Raum vorhanden sind. Für jeden Organismus bedient das autonome Nervensystem eine Schaltfläche zum Empfangen und Senden aller Gefühle.

Also könnte ich den Satz übersetzen mit »Wer bewegt wen?«. Welche Bewegung ist denn die tatsächlich wegweisende und basiert nur bedingt auf Freiwilligkeit des Gegenübers? Die anpassende, also nachgebende Bewegung. Wenn ich also derjenige sein möchte, der Bewegung vorgibt, dann ausnahmslos in den Momenten, in denen das Gegenüber nicht entscheidet, also das Gegenüber nicht überlegt: »Was habe ich vor, was ist mein eigenes Ziel?« Sondern: Dein Hund hält inne für deine Einstellung, deine Botschaft, dein Ziel.

Das bedeutet, du erreichst innere und äußere Anpassung in deinem Hund. Er setzt sich mit deiner Motivation, deinen Zielen auseinander. So ist das energetische Gleichgewicht im Raum wiederhergestellt, dann herrscht Gleichklang, dein Hund passt sich deiner Energielaufbahn an, geht quasi auf Distanz zu seinen Zielen.

Sozialer Eindruck erzeugt Bewegung und verbraucht Energie. Und wenn unsere Familienhunde eines leider geworden sind, dann zu arbeitslos und haltlos. Sie leben in einem permanenten Boreout und müssen häufig unsere Kommunikation hierarchisch völlig missinterpretieren, bedeutet, sie betreiben arbeitslos Weltherrschaft. Und zwar in der Entwicklung unfreiwillig.

Spürst du den Zaunpfahl?

Erkenne den Raum und die Bewegung

Denke noch mal an das Bällebild im Raum, wie die Bewegungen mehrerer Individuen im Raum ausgeglichen werden. Was, wenn nicht? Wie schon einmal erwähnt, höre ich seit zwanzig Jahren immer wieder den Satz: »Mein Hund reagiert nicht!« Weil der Hund die Gefühle am Ende einer gemeinsamen Handlung nicht gespeichert hat und dich deshalb auch nach jahrelanger gemeinsamer Beziehung nicht als den Erwachsenen anerkennt. Das ist, als wenn du einem Siebzehnjährigen nach jahrelanger Unklarheit in eurer Eltern-Kind-Beziehung plötzlich erklären würdest, dass eigentlich du die Mutter / der Vater / der Erwachsene bist. Könnt ihr euch den verdutzten, ungläubigen Gesichtsausdruck des Teenagers vorstellen? Vergleichbar? Selbstverständlichkeit und Klarheit über das familäre *who is who* sind natürlich das A und O in jeder innerfamiliären Beziehung.

So sollte es idealerweise sein: Dein Hund setzt sich auseinander mit dir und deiner Gebärde, geht im Optimum in Demutshaltung (eher passiv als aktiv), also auf Distanz zu dir, er weicht leicht zurück, verweilt in deinem Dialog, setzt sich auseinander damit, wie er es besser machen kann. Du bietest daraufhin eine positive Energie in Form von Kooperation und Nähe an, entweder mit einem Alternativverhalten oder einem sozialen Lob durch Wärme und Freude = Liebe.

Hier einige Energiebilder zur Veranschaulichung, wie die Dynamik der Alternative aussehen kann.

Du unterbrichst zuerst den Unsinn deines Hundes, dann legst du die Spur »passive Demut«, dein Hund antwortet sauber, geht leicht rückwärts, demütig, aber interaktiv, du baust den Druck der Energie ab, du brichst die Achsen. Aber er verweilt dennoch für drei Sekunden,

Einladende Körpersprache.

Da stellt sich die Ruhe und Zufriedenheit beim Hund, als bestes eigenes Gefühl, sofort wieder ein.

das muss man üben. Erst nach der kurzen Zeit des Verweilens wird die wichtigste Synapse gebildet. Die entsteht erst nach deiner Interaktion des Drohens, wenn der Welpe / dein Hund sich wieder sammelt, sozusagen. Dann arbeitet der präfrontale Kortex wieder in Höchstleistung. Danach kannst du

a) deinen Hund mit der freundlichen Ansprache (Name) wieder in deine soziale Nähe holen, sauber in der Zuwendungsachse, Kopf und Schulter kommen zu dir und bleiben bei dir, bis du ihn nach kurzer Zeit wieder freigibst.
b) Du sagst mit freundlicher Stimme das Alternativ-»Kommando« mit Alltagsbezug: »Geh mal auf deine Decke«, »Komm mal hier rüber«, »Geh mal raus«. Für mich sind alle (!!!) Aktionen, die ein Hund unternehmen soll, freundliche Vorschläge. Kein Zwang, wenn ich nicht möchte, dass er sich von etwas distanziert (zu mir, zu einem anderen Hund, zu der Pizza, zu der Couch …)

Der kolossale Vorteil ist, dass im Hund nach der passiven Demut eine Bewegungsfreude und hohe Motivation entsteht, die nutze ich für die Kooperation, ohne Bestechung, ohne Locken. Das hinterlässt tiefe, positiv aufgeladene Spuren im sozialen System. Es geht ganz tief hinein in die soziale Verbindung zwischen dir und deinem Hund und ist eigentlich variabel einsetzbar, aus dem einzigen Grund, dass du lediglich den Dialog benötigst für Demut, Innehalten, soziales Abwarten, kurzen Energie-Stopp und dann wieder das Energie-Go. Dein Hund wird die wichtigsten sozialen positiven Gefühle dabei erfahren und vor allem aus den Aktionen lernen, also damit verbundene Gefühle speichern. Wenn eure Beziehung gleich von Beginn an gut verankert wird, hast du einen vierzehnjährigen Hund, der sozial begeistert auf seine Liegedecke hechtet oder im Nu zu dir zurückkommt. Diese Gefühle werden durch eine gut verankerte Beziehung ausgelöst:

- Begeisterung
- Erfüllung
- Freude
- Glück
- Heiterkeit
- Hoffnung
- Inspiration
- Interesse
- Klarheit
- Komik
- Lebendigkeit
- Lebensfreude
- Leidenschaft
- Lust
- Motivation
- Mut … habt ihr noch Ausdauer?
- Neugier
- Stärke
- Stolz
- Tatendrang

- Überraschung
- Vergnügen

Und das Schöne, wenn es mal nicht klappt, ist es gar kein Weltuntergang, dann beginnt das Gespräch von vorne. Genau an der Stelle, wo dein Hund Unsinn macht. Das wird er dann auch lernen müssen …

Wenn man in solch einer Situation ein gutes Elternteil sein will, kann man sich blitzschnell fragen: Aha, gibt es ein zusätzliches Problem? Fällt es aus diesem Grunde schwerer? Oder: Aha, mein Hund möchte sich gerne erneut mit dem Thema »Weltherrschaft« auseinandersetzen und stellt bewusst meine Kompetenz in Frage.

Außerdem kannst du je nach Situation angemessen mit der Energie in Resonanz dazu gehen, also jede Sekunde ist ganz einfach ein eigener Dialog. Kannst du dir bereits denken, welche Formen der Interaktion ich für angemessen halte, bis hin zu der Frage, wo sollte mehr Feuerdrache, wo mehr Löwenmutter hinein?

15. Streiten – Einfach so?

Das Leben im Stellvertreter-Konflikt = Familie

Ich bin ein solch großer Fan davon, systemisch ein soziales Netz »Hund und Mensch« zu führen, zu fühlen und zu verstehen.

Du als Hundehalter darfst wachsen, dich versuchen in

- Verstehen: die Notwendigkeiten der sozialen Körperbewegungen kognitiv, also rational, zu verstehen.
- Fühlen: die eigenen inneren Zustände und die deines Hundes zu fühlen – vor, während und nach dem jeweiligen sozialen Dialog.
- Führen: Wenn du die Körperbewegungen in Interaktion mit deinem Hund verstehen und fühlen kannst, wirst du sie 24/7 führen.

Du als Hundehalter darfst lernen, nicht von dem gezeigten Verhalten deines Hundes in Not zu geraten.

Lassen zum Üben, mit viel Liebe zur Biologie zurückkehren. Worum geht es wirklich im Leben in einer Gruppe?

a) Lass ihn sein Verhalten zeigen.
b) Du hast Beziehung und Kommunikation zu ihm aufgebaut, damit du, wenn notwendig, Einfluss nehmen kannst.

Streit für den guten Zweck vs. Lasst die Welpen Blödsinn machen

Diese beiden Sätze stehen nicht gegeneinander, sondern wahrhaftig nebeneinander. Ja, kleine Kinder und Welpen müssen Blödsinn machen, sonst lernen sie nichts. Nur müsste bedacht werden, dass eine Beziehung von Kinderseite oder Welpenseite aus gebildet wird. Diese Beziehung darf auf keinen Fall beinhalten, dass das Kind keinen Blödsinn, also keine Fehler machen darf, sich nicht selber ausprobieren darf. Keine autoritäre Erziehung baut eine harmonische Beziehung auf. Und dennoch wird die Beziehung besonders überprüft im Abgleichen über Fehler und Missstände, Bedürfnisse und sogenannte Privilegien. Bis hin zu: Hast du mit deinem Kind in leichten Situationen nicht streiten geübt, kannst du in schwierigen, wirklich

Führe Beziehung mit jemandem, der fast immer sein Verhalten zeigen darf. Weil du es händeln kannst.

wichtigen Situationen nicht auf Kenntnisse und Erfahrungen zurückblicken. Respekt und Vertrauen liegen hier denkbar nah beieinander.

Jeder Welpe ist mal übermüdet, kann nicht nachdenken, macht in der inneren Unruhe viel Unsinn, und dann kommen wir mit der Vorstellung: »Lieber Lucky, geh mal in dein Körbchen und schau mich verliebt aus der liegenden Position an.« Unsinn, oder? Wie finden wir die richtige Spur zwischen: »Lasst den Welpen Blödsinn machen!«, und gleichzeitig: »Baut eine zuverlässige Kommunikation, also Beziehung auf, die die Erziehung eines sozialfähigen und gleichzeitig fröhlichen jungen Hundes möglich macht.«

Was in den Vordergrund gerückt gehört, ist: Mach die Beziehung nicht fest am Verhalten deines Hundes, sondern an seiner Art, mit dir über wichtige Themen zu sprechen.

Lasst Welpen und Kinder Blödsinn machen und führt stattdessen in den Gesprächen die wirkliche Faszination, von: Ich leite, wenn ich es für wichtig befinde, ich korrigiere/unterbreche, wenn es richtig wichtig ist. Und das mit totaler Überzeugung und Status …

Wir sprechen ja ununterbrochen mit unseren Mitmenschen und Hunden, sobald wir räumlich gemeinsam sind, also unter einem Dach leben. Und wir bilden eine große Basis der Beziehung in einem geschützten Raum, unangetastet von Störungen von außen wie fremde Hunde, Briefträger, Rehe oder Nachbarskinder. Hier, an unserem Ort also, führen wir unsere Gespräche.

Verstehst du, was wir Hundebesitzer mit unseren Hunden machen? Wir lassen uns emotional leiten von unseren Junghunden und möchten dann, in schwierigster Situation, Entscheidungen treffen. »Hasso, lass das Pöbeln an der Leine, wenn der Erzfeind vorbeiläuft!« Haben aber bisher nicht eine Spur für Hasso gelegt, sondern ihm nur eine unbestimmte Idee vermittelt, mit Leine und Tauschgeschäft.

Nun komme ich zurück zum Stellvertreter. Denke noch mal an die Pyramide. Ich würde Unterbrechungen wie »Dein Hund darf etwas Attraktives vom Boden nicht aufnehmen« oder »Er muss ohne Kommando, auf Abstand zu dir verweilen, obwohl die Haustüre geöffnet ist« energetisch üben, und zwar in den leichteren Situationen, nicht gleich das Hauptproblem angehen. Zum Beziehungs-NEUBAU sozusagen. Und wenn dein Hund kein Welpe mehr ist? Gar nicht schlimm, es ist ein lebenslanges Lernen.

Auf die Problemfelder komme ich erst im nächsten Kapitel zu sprechen, bleiben wir noch in der Kernarbeit der Beziehung zwischen dir und deinem Hund. Ihr seid unter euch.

Du stehst morgens auf, wie begegnet ihr euch? Also wie bewegt sich dein Hund auf dich zu, während du noch

Sich selbst spüren, bei sich bleiben können, sich eigenständig bewegen und Orientierung von jemand anderem erfahren ist das größte Feedback für Respekt innerhalb der Gruppe.

liegst oder gerade im Begriff bist, aufzustehen? Ist er sehr aufgeregt in deiner direkten Nähe? Springt er dir halb ins Gesicht, wenn du dich rekelst? Betrachte es genau – und ich möchte mit dem Hinweis nicht ausdrücken, dass du deinen Hund jetzt immer auf Distanz jagst. Ich möchte, dass du gewahr wirst: Wie ist dein Hund in welcher Situation mit dir? Und wenn du kleine Dinge jetzt vielleicht neu wahrnimmst, übe die Intervention, etwa eine Bewegung bei deinem Hund einzuschränken. Achte auf seine Resonanz, er zeigt dir gegenüber Demutssignale und Anpassung. Dafür benötigt ihr einen relativ unbelasteten Augenblick, du und dein Hund im Haus. Nun kannst du überprüfen, wie du am besten die Energie im Raum steuerst. Denk an die Pferdeherde, das Mobile, das Bällebad im Raum.

Die Ich-Botschaften »Ich bin wer und gehe energetisch aus mir heraus und spüre den Raum um mich« darfst du immer einfach so senden. Kümmere dich mal um dich und genieße die Bewegung, die du machen kannst, und betrachte dabei mal deinen Hund sehr beiläufig, wie er staunt, sich wundert oder vielleicht angetrieben fühlt, sich auseinanderzusetzen, meint, wie er in Resonanz geht – sich selber versucht ganz neue, noch nicht gelernte soziale Situationen mit dir im Alltag zu erklären. Wenn ihm etwas nicht ganz geheuer ist und er dadurch kurz irritiert ist. So warst du bisher noch nicht. Fühlt er kurz Missmut oder Frust? Sorge oder Irritation? Wie erlebt er dich in autonomer Struktur? Alles kann passieren, je nach Persönlichkeit, Situation oder Vorgeschichte.

Der Weg ist immer das Ziel, vergleiche keine fremden Beziehungen.

Wenn dein Hund sich reibt, würde ich noch einen Augenblick in der Vorstufe der sogenannten Stellvertreter bleiben, also ohne Konflikt für den Hund. Nicht zu lange, sonst parkt ihr euch ein, und die Probleme kommen dann zu euch. Tue nicht so, als gäbe es keine Schwierigkeiten, sondern nutze jeden Schritt, der sich gut eingegrooved hat, für einen konstruktiven Fortschritt. Verweilen und Kuscheln ist Resignation und Stillstand oder sogar Kapitulation. Mir wäre es lieber, wenn du bewusst die kleinen Probleme aufsuchen würdest, um mit deinem Hund körpersprachlich über Kleinigkeiten zu sprechen.

Übe mal nachhaltig den Feuerdrachen für einen guten Zweck: eure Beziehung.

Es folgt der Praxisteil mit vielen Beispielen und Tipps, also ruhig Blut. Was wunderbar wäre: Sobald ihr beide, du und dein Hund, in den Stellvertretern so sauber seid, steigert euch in der Pyramide Schritt für Schritt. Das Nervensystem deines Hundes wandert bei jeder Erfahrung weiter, die gut im Stellvertreter besprochen wurde.

Das bedeutet mathematisch: Weniger Aufreibung/Stress/Energie in der Kommunikation mit deinem Hund, bei gleichzeitiger verbesserter Reaktion auf dich.

Übersetzt in die Alltagsbilder, heißt das: Wenn dein Hund wirklich gelernt hat, sich fundamental mit dir als Feuerdrachen auseinanderzusetzen, und du auch nur fünfzig Prozent dieser konstruktiven Energie mit in schwierige Situationen außerhalb eures geschützten Raumes nimmst, wirst du viel, viel schneller dort ankommen, wo du hinwillst: in den Dialog mit deinem Hund, die Leitung eures Gesprächs. Er hört dir dann zu, lässt sich stimulieren zum Innehalten und Neu-Ansetzen und Bewusster-Wahrnehmen der Situation. Denn ihr beide habt jetzt eine neue Stufe der Beziehung erreicht. Du kannst körperliche Gespräche anleiten. Also, nachdem du den Praxisteil gelesen und umgesetzt hast ;-).

16. Übe dich darin, das Gespräch anzuleiten

Meine Pizza, deine Pizza – meine Couch, deine Couch

Ich hoffe, dir ist nun die Grundlage für ein entspanntes gemeinsames Sein und Handeln bewusst, gewappnet für die Abenteuer unserer Welt. Stell dir vor, dein Hund könnte ohne innere Unruhe, Aufregung, Angst und Sorge mit dir gemeinsam durch vierzehn Jahre Hund-Mensch-Alltag gehen – ganz ohne Leine und Leckerchen.

Mit dem Bild »meine Pizza, deine Pizza« lässt sich ganz gut der Kontext der allgemeinen Intervention beschreiben, also, wem steht was gerade zu.

Statt der Pizza kannst du auch die gutriechende Stelle am Wegesrand einsetzen, oder den anderen Hund, dem ihr begegnet, das Reh, das euren Pfad kreuzt, den netten Passanten und zu guter Letzt das Stück Pizza auf dem Boden neben dem Mülleimer. Alles eigentlich Situationen, die jeder gesunde Hund zu Recht für sich beanspruchen und genießen würde. Wir sprechen über positive Außenreize, alles, was Lust macht, zu tun, zu erkunden, hinzugehen, zu jagen, zu fressen.

Ich rechne bei einem gesunden Welpen mit nichts anderem als: »Ich, Lucky, hab da voll Bock drauf!« Bedürfnisorientiert und zielgerichtet = gesund!

Dem entgegne ich: Ich kann dich gut verstehen, aber … wir verhandeln über Regeln.

Du könntest Stellvertreter auch ohne Pizza finden.

All das steht einem unerfahrenen Welpen aus seiner eigenen Sicht auf die Dinge kolossal zu.

Übung macht den Meister.

Der Hund verweilt und wartet auf dein nächstes Signal.

Du lernst, saure Kröten zu schlucken und dabei zu entspannen. Wenn der Hund sich denkt: Geil, Pizza!, findet in dir dieser Prozess statt: erster Gedanke, Gefühl und Bewegung.

Gedanke: Ich bin Türsteher, ich passe auf, dass nichts passiert.

Gedanke zu Gefühl: Ich bin gut = Motivation, Stärke, Inspiration, Klarheit, Lebendigkeit, Leidenschaft, Lust, Mut, Stolz, Tatendrang.

Körper: Ich strecke mich, mein Blick geht konfrontativ drohend zum Hund, gerade Achse, Hals darbieten, Straffung in das Korsett, Adrenalin auf höher, nach nicht in der Bewegung in Richtung Hund.

Stimme: Nah, eher sonor-tief statt schnell und hoch.

Dann beginnt jeder Dialog individuell, du leitest stets die jeweilige Antwort deines Hundes, jede einzelne Sekunde des Gesprächs. Das Idealbild der Antwort: Dein Hund reagiert passiv-demütig, also weichend vor deiner Energie und vor der Pizza, hält inne, obwohl du deinen Druck sofort rausgenommen hast. Er wartet auf dein kommendes nächstes Signal, verweilt an der Stelle, und das Nervensystem entspannt sich leicht. Würdest du ihn in deine Nähe bitten, würde das Nervensystem wieder in Bezug auf aktive Demut aktiviert werden, und der Hund würde sozusagen in deine Arme fliegen.

Dein Hund darf jetzt gerade nicht autonom entscheiden – betrachte das als seine Schulzeit, Regelzeit, Arbeitszeit. Wenn du morgens ins Büro fährst, kannst du nicht zeitgleich zur Party oder zum Wellnesswochenende, logisch. Deshalb muss sich die Arbeitszeit aber noch lange nicht schlecht anfühlen, weil da ja auch ein soziales Miteinander herrscht. Die Arbeitsmomente meiner Hunde sind in meinem Alltag die, in denen sie sich kurz nicht um ihre Bedürfnisse (Jagen, Essen, Sex & Co.) kümmern, sondern sich mit mir in einem exklusiven, intensiven Gespräch befinden. Also geben meine Hunde etwas her an Autonomie und Bedürfnis, und ich nehme mir das Recht, kurz im Fokus der Aufmerksamkeit zu stehen. Versuche nicht, gegen die Abenteuer da draußen anzustinken, ich vermute, du würdest verlieren. Jeder gesunde Hund würde Jagen, Sex & Co. vorziehen.

Erst wenn die Regeln klar sind, können Problemfelder behandelt werden, deshalb übst du auch mit Pizza sprichwörtlich zu Beginn, das nenne ich fairer. Aber ich möchte weder, dass du mit einem Ich-halte-mich-nicht-an-Regeln-Kevin zusammenlebst, noch möchte ich für Kevin, dass seine Mutter an seinem Hals zerrt und ihm befiehlt: »SETZ DICH GERADE HIN, DU IDIOT.« Dahin führt meiner Ansicht nach zu häufig die missverständliche, nicht biologische Erziehung, die eher versucht, mit guten Gefühlen und Leckerchen zu locken und zu bestechen. Das ist natürlich meine Betrachtung und Denke. Nimm du unbedingt aus diesem Pool an Ideen und Informationen mit, was für dich und deinen Hund stimmig ist.

Zurück zum Streiten für einen guten Zweck (die Übungen folgen in ganz genauer Anleitung im Praxisteil). Die Intervention ist bereits Teil deines Alltags, wenn du mit Bewusstsein in die gegenseitige Bewegung hineingespürt hast.

Hast du die Distanz-Arbeit mögen gelernt? Verstehst du den Hintergrund des »Familie-Seins«? Gehen wir nun an den Alltagsbezug und die Umsetzung.

Also, zurück zur Pizza: Wenn wir uns diese in der Mitte deines Wohnzimmers vorstellen, als Stellvertreter für die ganze Welt da draußen, lernt ihr beide, du und dein Hund, diesen Move für euch als System, als Beziehung, kann dein Hund vierzehn Jahre ohne Leine ein verflucht glückliches Dasein mit dir als Gruppe führen.

Gruppenkommunikation für den Freilauf.

17. Eine biologische Betrachtung – Wofür das Ganze?

Wir versuchen, im folgenden Kapitel die Zusammenhänge für die Praxis zu finden: Wofür das Ganze? Ganz zu Beginn schrieb ich: Gehst du ab seiner achten Lebenswoche mit deinem Welpen ohne Halsband und Leckerli spazieren und meisterst alle Abenteuer und Aufgaben des Alltags, bist du gut genug, biologische Konzepte zu fühlen. Hält die Leine oder das Leckerchen deinen Welpen von eigenen Wegen, Umwegen, Ideen und Ausbrüchen ab, lohnt es sich, umzudenken.

Ich finde, jeder Hund muss ohne Leine durch das Leben laufen dürfen. Dafür braucht es verbindliche Kommu-

Gemeinschaft ist eine Art der Einstellung und der Kommunikation.

nikation: **ein JA und ein NEIN zu ...** Ja wozu? Nehmen wir uns die Aufgaben aus dem Mensch-Hund-Alltag vor.

Ein Ausblick für deine Entwicklung – Wie stehen wir nun zu Problemen, Außenreizen und Anlässen?

Ich laufe durch die Welt, ziehe mit zur Zeit sechs Hunden umher, und was soll ich sagen, wir gehen ausnahmslos gemeinsam und gleichzeitig jeder für sich. Meine Hunde haben ihre Zeit auf ihrem Spaziergang. Es ist ja ihre Quality-Time des Tages. Biologisch wertvoll für deinen Hund ist: Er geht seinen Weg, schnuppert, erforscht soziale und andere Spuren, pinkelt und markiert, fühlt sich gut dabei. Hier einige Beispiele für Dinge, die wichtig für das Wohlbefinden deines Hundes sind:

- Als Verbund mit seiner Gruppe durch die Lande ziehen
- Nicht zu langsam laufen
- Außenwahrnehmung: in Ruhe riechen, hören, sehen
- Umherschweifen, sich gegenseitig immer wieder beiläufig betrachten
- Alles im Gleichmaß: Innen und Außen, Anspannung und Entspannung
- Fremde Menschen und Hunde sowie belebte und unbelebte Umweltreize beiläufig miteinbeziehen, also erkunden, prüfen, kennenlernen, einen Moment verweilen und dann weiterziehen

Fast so wie die Sonne im Universum.

- Emotional glücklich und körperlich ganz leicht erschöpft und ruhig im Geist heimkehren zum Ruhen und Schlafen

Bevor wir losziehen, stehen meine Hunde noch kurz da, mit der Aufmerksamkeit in meine Richtung. Bis wir als Gruppe überhaupt in der Lage sind, aufzubrechen, bis wir alle durch die Haustür durch sind, vergehen ein paar Sekunden. Während ich meine Schuhe und meine Jacke anziehe, bin ich zwar gewahr, wie jeder einzelne der Gruppe zurecht ist, kümmere mich aber um mich. Das Gute ist, das Ganze kostet mich überhaupt keine Energie mehr, durch die geübten Hunde und die geübte Brinkmann, also selbst, wenn ich noch Fremdhunde in dem Pulk habe, bin ich relativ schnell in der Distanz zu mir, Distanz zu der Tür und Distanz zu den anderen Hunden, und WIR SIND FREUNDE. Om = Entspannung im Dialog. Kannst du die Beschreibung gut verstehen mittlerweile? Kannst du dir auch

Zugewandtsein, Nähe und Verbundenheit beim Spaziergang.

vorstellen, wie wenige Hunde in unserer Gesellschaft das gelernt haben und welcher Quatsch das Gegenteil wäre.

Zwei Vorstellungen zur Veranschaulichung: Stell dir vor, dein siebzehnjähriges Kind = dreijähriger Lucky würde beim Losgehen zum Auto wie ein aufgezogener Kasper hin und her rasen und dich fragen: »GEHT'S JETZT LOOOOOS?« Also, was ist da beim Hund, der sich so verhält, alles schiefgelaufen? Wo bleiben diese ganzen sozialen Informationen für ein ruhiges Aufbrechen ohne Strafen? Das macht ja auch keine Mutter der Welt, also bestrafen, wenn das kleine Kind mal aufgeregt Unsinn macht. Das ruhige Verhalten muss sich irgendwie entwickeln über soziale Informationen.

Weiter in unserer Situation: Wir gehen also alle aus der Tür hinaus. Dann bin ich als Mittelpunkt der Blase aufrecht, was bedeutet: »Es geht los«, meine Hunde gehen alle selbst aus dem Haus hinaus, ohne zu viel Nähe zu mir, weil das ganz häufig zu viel Stress in die territoriale Affinität (Schwachstelle = Sorge/Angst) brächte. Keinen Kadavergehorsam, empfehle ich. Also Bezug zu mir ist da, es gibt einen Grundsatz: Du bewegst dich frei, aber nicht immer mit einem eigenen Ziel.

Erzeuge Distanz und ernte Nähe, ohne Kommando

Aus dem Du und Ich gelangen wir zum Wir. Das heißt übersetzt: Sind meine Hunde nicht in Höchststufe erregt, dann haben sie nach meinem akustischen Störlaut (Distanz) immer die Lösung parat, sich mir geografisch, emotional und gedanklich zu nähern. Also, der Störlaut beendet die Energie nach außen und ich erzeuge so das Verlangen und Wollen nach Nähe (gedanklich, körperlich und emotional). **Kooperation ohne Kommando.**

Darüber ist das Losgehen quasi erlaubt. Wenn wir in der Nähe des Straßenverkehrs sind, gebe ich noch nicht das Signal für die Freizeit der Teammitglieder. Meinen Hunden ist also in der Struktur »Wir gehen aus der Haustür raus« sehr klar, nicht zu Außenreizen wie Menschen, Hunden, Katzen hinzulaufen. So laufen sie als lockere Gruppe daher. Wenn ich meine Gruppe geschlossener brauche, wegen eines Autos etwa, benutze ich die BITTE zur Strukturveränderung, nämlich näher zu mir her.

Endlich höflich sein dürfen und klar sein können – Bitten vs. Fordern

Ich bin, wenn sich meine Hunde in ihrer Kompetenz an die Regeln halten, IMMER HÖFLICH UND KLAR DARIN: »Mach was!« ist eine anziehende, motivierende GESTE.

Ich kann meine Hunde jederzeit wieder mehr einschränken, durch meine Struktur »Kontakt zu mir stark und die Privilegien nach außen schwach«. Damit kann ich quasi spielen wie mit einem lockeren Zügel beim Reiten, ich lasse es fließen. Heißt, ich gehe und alle anderen folgen. Weil ich die einzig Kompetente für den Moment bin. Sorry, meine Pizza. Mein Recht, meine Verantwor-

Ohne wütend zu sein, ist die größte Form von Kraft im Ausdruck. Mein Raum.

Durch meine Sicherheit kann ich entspannt, höflich und klar bleiben.

tung. Status in der Gruppe. Wenn einer Unsinn macht, wird darüber gesprochen und der Konflikt gelöst. Also, tendenziell ;-). Glaubt nicht, dass meine Hunde keinen Blödsinn machen.

Kein Hund läuft weg von mir mit einem eigenen Ziel, das heißt: Keiner läuft auf die Straße, keiner geht in einen fremden Vorgarten, keiner läuft den Nachbarskindern in den Weg, geschweige denn hin zu Kindern oder ihnen hinterher. Ich verspreche euch, mit einem Bewusstsein für den guten Zweck wären so viele Hunde so dankbar für eine solche oder ähnliche Struktur der Klarheit.

Wer übernimmt die Verantwortung? Wer trifft die Entscheidung? Wer führt das Gespräch zu diesem Standpunkt? Wem ist der Status genau jetzt wichtig?

Es würde jedem Hund, egal wie alt, so guttun, in dieser Form verstanden zu werden, individuell angesprochen zu sein, das heißt, dass ein Hund auch wirklich einen Status im Gegenüber Mensch ablesen kann, und zwar in sei-

Glück kann man anfassen.

ner Welt der Körpersprache von Nähe und Distanz. Dass ein Hund abweichen kann von seinem eigenen Standpunkt, heißt in der Körpersprache, dass er zurückweichen kann von seinem Menschen, genau dann, wenn er es für wichtig empfindet.

Und ich glaube sogar so fest daran, dass, sobald du als Halter die Mechanismen in ihrem Sinn und ihrer Kraft verstanden hast, du nicht mehr ohne sie wirst sein wollen. Egal, ob dein Hund gerade dabei ist oder nicht.

TEIL II

Nähe und Distanz in der Praxis

Integriere Nähe und Distanz in deinen Alltag

Ab jetzt geht es »nur« noch um Praxis. Ich möchte euch beide, dich und deinen Hund, gerne begleiten. Wir werden bewusst in kleinen Schritten üben und arbeiten. Ich möchte durch Worte und Bilder deine Wahrnehmung schulen, für dich selbst und deinen Dialogpartner Hund. Nur, wenn wir bewusst den Hund miteinbeziehen in die Frage: »Wie bin ich als Hundehalter?«, gibt er dir als Gesprächspartner eine Antwort, jeden Tag eine andere bzw. neue. Das nennt man Beziehung.

Nach Schulz von Thun lässt sich das besonders schön hervorheben.[6]

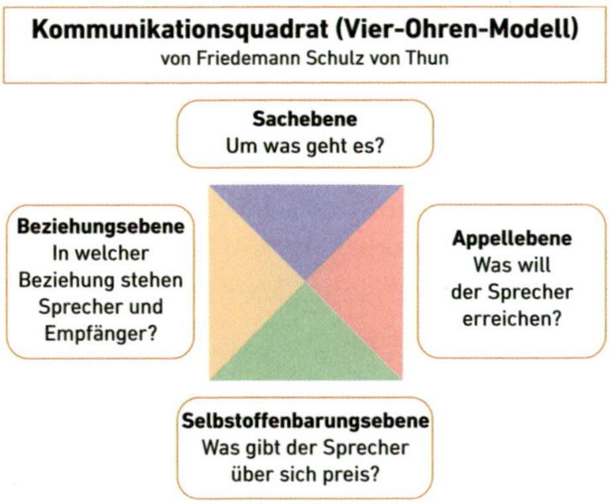

Das Schaubild führt uns so schön vor Augen, dass in jeder Sekunde einer Kommunikation

- die Beziehung,
- die Selbstoffenbarung,
- die Appellebene,
- und zu guter Letzt »die Sache«

präsent ist.

Hier ist eine ganz typische Alltagssituation für euch.

Ich parke mein Auto nach der Arbeit auf meinem Stellplatz, habe sechs Hunde im Auto plus Utensilien aus dem Tagesprogramm. Ich habe alle Taschen und Leinen, wie sich das gehört, um den Hals. Der erste Rüde steigt aus, da sehe ich, dass sich ein Spaziergänger mit Hund nähert. Ich weise den ersten Aussie an, sich vor das Auto zu legen, nachdem wir gemeinsam den fremden Hund zur Kenntnis genommen haben. Meine Gruppe hat es ebenfalls gesehen – ich lasse nach Altersstruktur alle aus ihren Boxen aussteigen und sich vor das Auto legen. Heißt auf Hundehochdeutsch:

Sachebene: Alle sechs Hunde raushüpfen und hinlegen oder einfach nur dort bleiben, nicht zum Hund gehen.

Appellebene: Ich habe die Situation erkannt, ich kontrolliere die Handlung (aussteigen und hinlegen) im Außen, ich stabilisiere die Hunde mit Ruhe, »Lie down« bzw. »Bleib« im Innen.

1. Appell: GASPEDAL. Komm motiviert (Nähe) zu mir (raus aus dem Auto). Als Aussage zum Hund / zu den Hunden:

»Komm aus dir heraus und in mich und meinen Raum und den Raum der Umwelt um das Auto herum hinein. Sei nicht höflich/vorsichtig. Die Türen für dich stehen alle offen. Die Tür zu mir und nach außen ist geöffnet. Mach was, probiere du dich aus!«

2. Appell: MISCHUNG AUS BREMSPEDAL UND KUPPLUNG. »Lie down«, »Sitz« oder pures »Bleib«. Meint als wichtigste Aussage: »Verweile in/mit Ruhe. Im Respekt, also leicht distanziert zu mir und zur Umwelt. Keine Tür zu mir, keine Tür nach außen geöffnet.«

Mehr Pflichtstruktur – ohne Motivation. Hierfür benötigt der Hund / die Hunde keinen eigenen Antrieb: Distanz und Ruhe zu mir und nach außen. Kein Hingehen und kein Weggehen von irgendetwas. Ich bleibe als Sender der Information dennoch leicht »unnahbar«. Dadurch, dass ich meinem Hund gegenüber nicht beweglich bin, bin ich der erste Stellvertreter für die Umwelt. Die ist auch gerade unbewegbar für meinen Hund.

Das heißt im Umkehrschluss, er ist bewegbar, allerdings weg von mir, weg vom Reiz, von der Umwelt, da ich die Bewegungstür leicht schließen möchte durch Führung des Gesprächs.

Wenn in diese Phase Ruhe einkehrt bei deinem Hund, ist das der beste Moment, seine Umwelt wahrzunehmen und seine u. U. territoriale oder individuelle Sorge um seine Sicherheit zu spüren und mit dir als Hilfestellung zu verarbeiten. Du bist ein guter Therapeut, wenn du hier die erste Verhaltenstür leicht geschlossen lässt: betrachten, wahrnehmen.

Je nach Lernzustand oder generell innerem Zustand auf die Umwelt (andere Hunde) bezogen, wird die Struktur für »Geh rückwärts von mir und vom Reiz weg« als Erklärung noch notwendig sein.

Diese beiden Positionen wechseln sich quasi ab. Mit zwei modifizierten Aussagen zwischen Bremspedal und Kupplung zum Hund: »Beweg dich nicht und finde in die eigene Ruhe«, bis zum Bremspedal: »Nein, dann geh auf Distanz kurz zu mir als Stellvertreter zur Umwelt und somit zur Umwelt.« (Die fremden Hunde in der Umwelt sollten nicht beweglich sein für deinen Hund, sondern er selbst sollte beweglich sein!)

Selbstoffenbarungsebene: Ich habe den Hund gesehen (ich grüße sogar noch), ich leite die Situation, ich bin gelassen und präsent. Meine Konzentration liegt im Innen, ich dulde kein Aber, keine Freizeit, jetzt keine eigenen Entscheidungen, ich motiviere nicht, ich kontrolliere.

Beziehungsebene: Ich leite euch (dominant), ich führe die Situation für uns als Gruppe (ich bin Mittelpunkt eurer Wahrnehmung, ich werde nicht in Frage gestellt), ich verstehe euch (bin empathisch). ICH BIN UND BLEIBE FAIR (sogar bei Fehlern!!!).

1 Gaspedal/ Dynamik / Nähe zu mir und nach außen/ alle Türen auf: »Hopp«. Heißt für den Moment drei Sek. ist alles erlaubt.

2 Bremse/ Distanz / zu mir und nach außen/ Innehalten/ Türen zu: Für diesen Moment von drei Sekunden ist alles verboten. »Du darfst weder zu mir, noch darfst du nach außen, alles ist Tabu!«

3 Alles fließt in den sozialen gemeinsamen Raum / kolossale Nähe / Alternative / Kooperation. Kurz danach Kupplung »Bei mir«, om. Die besprochene Distanz nur noch nach außen.

Jetzt werde ich dir ein paar Dinge für Feinfühligkeit im sozialen Dialog für das bessere Team im Alltag an die Hand geben.

1. ÜBUNG: Wir üben, wer zu sein!

DIE ICH-BOTSCHAFTEN

Du kannst dir vorstellen, dass in der Tierwelt die Frage »Welche Persönlichkeit führt mit mir einen Dialog?« noch viel entscheidender ist als in unserer Welt. Aber was ist denn die tragende Rolle im Dialog unter Hunden bzw. zwischen Mensch und Hund? Die Grundpersönlichkeit der Gesprächspartner spielt eine große Rolle, und ich finde das Modell nach Eysenck in diesem Zusammenhang sehr schön, hier noch einmal kurz beschrieben für die Übungen zu den folgenden Fragen:

Wer bin ich? (Ohne Titel, Rang, Schulabschluss, Beruf und Konto?)
Wie entschlossen kann ich sein?
Wie gut kann ich für mich einstehen?
Wie gut kann ich ohne Rechtfertigung handeln?
Wie stark ist mein Schamgefühl? (Wie oft zeige ich mich nicht, sondern ziehe meine Decke über den Kopf?)
Wie stark ist mein Schuldgefühl? (Wie oft versuche ich, andere vor deren Problem zu schützen?)
Welche Energieform habe ich?

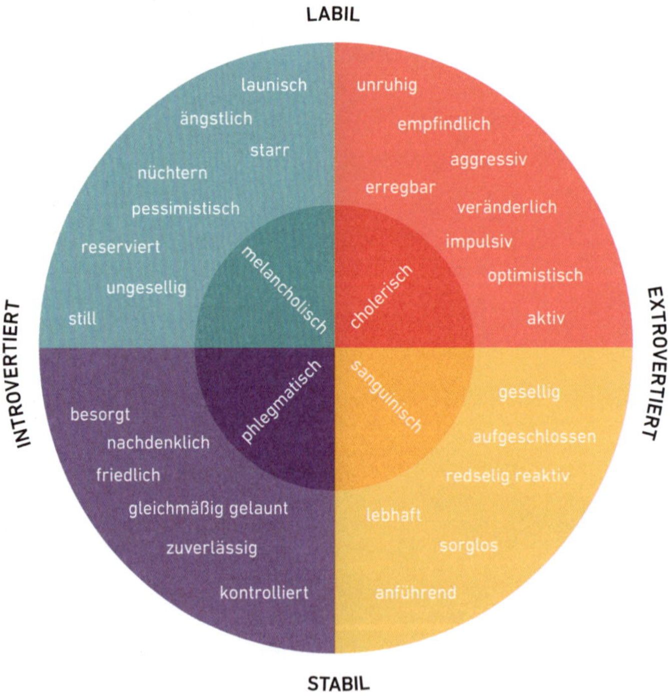

Es gibt eine Grundpersönlichkeitsstruktur in dir, die ist genetisch, also kommt mit auf die Welt, ebenso wie bei unseren Hunden. Die wirst du dir wahrscheinlich leichter problemlos bewusst machen können, ich würde mich freuen, wenn du dich einlässt auf den Wandel und ein bisschen Schauspiel.

Eysenck definiert Persönlichkeit als ein **dauerhaftes Muster von Verhalten, Gedanken und Emotionen**, daher passt es besonders gut zu der Erklärung im Hundetraining. In seinem Modell stellen Neurotizismus und Extraversion zwei der Dimensionen dar, die das Kernverhalten einer Person bestimmen.

Neurotizismus: Hohe Werte in dieser Dimension beinhalten Eigenschaften wie Angst, Depression, emotionalen Stress und Unsicherheit. Personen mit niedrigem Neurotizismus neigen dazu, ruhiger, emotional stabiler und widerstandsfähiger gegen Stress zu sein.

Extraversion: Personen mit hoher Extraversion neigen dazu, gesellig, gesprächig, aufgeschlossen und ehrgeizig zu sein. Diejenigen mit geringerer Extraversion (Introvertierte) bevorzugen oft ruhigere, weniger stimulierende Umgebungen. Ich versuche, es in verständlicher und kurzer Fassung für dich und deine Übungen zu erklären.

Blutdruck, Puls und Bewegung übst du

Hier sei noch einmal Immanuel Kant angeführt. Er hat den Temperamenten die vier deutschen Bezeichnungen leichtblütig, schwerblütig, warmblütig und kaltblütig gegeben.

1 **Sanguiniker (leichtblütig; Kumpel/ Clown):** Hohe Ausprägung in Extraversion und niedrige Ausprägung in Neurotizismus (= hohe Ausprägung in Stabilität). Gesellig, aufgeschlossen, redselig, reaktiv, lebhaft, sorglos, anführend.

2 **Phlegmatiker (kaltblütig; Fels/Therapeut):** Niedrige Ausprägung in Extraversion und niedrige Ausprägung in Neurotizismus. Passiv, besorgt, nachdenklich, friedlich, kontrolliert, zuverlässig, ausgeglichen, ruhig.

3 **Choleriker (warmblütig; Erzieher/ Polizist):** Hohe Ausprägung in Extraversion und hohe Ausprägung in Neurotizismus. Empfindlich, unruhig, aggressiv, erregbar, veränderlich, impulsiv, optimistisch, aktiv.

4 **Melancholiker (schwerblütig; Mutter/ Krankenschwester):** Niedrige Ausprägung in Extraversion (= hohe Ausprägung in Introversion) und hohe Ausprägung in Neurotizismus. Launisch, ängstlich, starr, nüchtern, pessimistisch, reserviert, ungesellig, still.

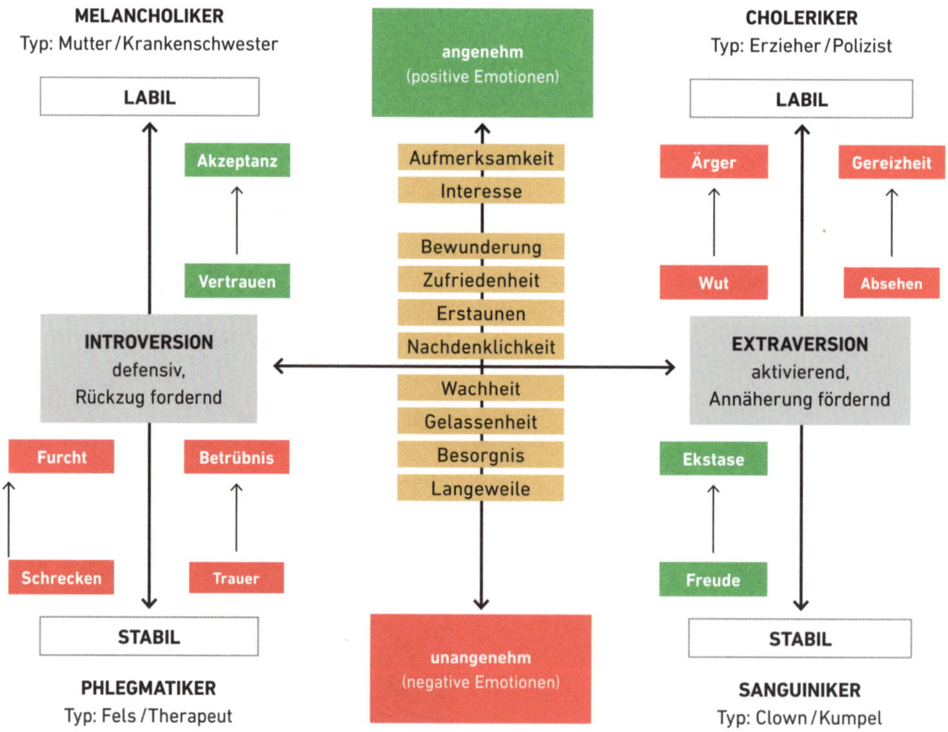

Wenn du Lust hast, dich hiermit zu beschäftigen, recherchiere mal Eysenck oder das Persönlichkeitsmodell der BIG 5. Wenn du magst, überlege, wer du im Grundtyp sein könntest.

Finden wir heraus, wo du dich am wohlsten fühlst. Wir üben uns in Körpersprache-Rollen für jeweils 48 Stunden. Hast du Lust, auf diese Reise der Erfahrungen zu gehen? Wir starten mit der Frage: Wie fühle ich mich in der Rolle? Dann fragen wir uns: Kann ich diese Rolle überhaupt authentisch erfüllen? Wenn nicht, gar nicht schlimm, ich wünsche mir nur, dass du es weißt. Der Umgang mit dem Bewusstsein hierüber später.

Wofür der Aufwand? Mein Puls wechselt ständig

Ich beschreibe jetzt erneut die gleiche Situation und habe drei verschiedene Hüte auf. Ich bin mir sicher, dass du lernen kannst, deine zukünftige Kommunikation mit deinem Hund in Notwendigkeit zu verändern ... Tschaka!

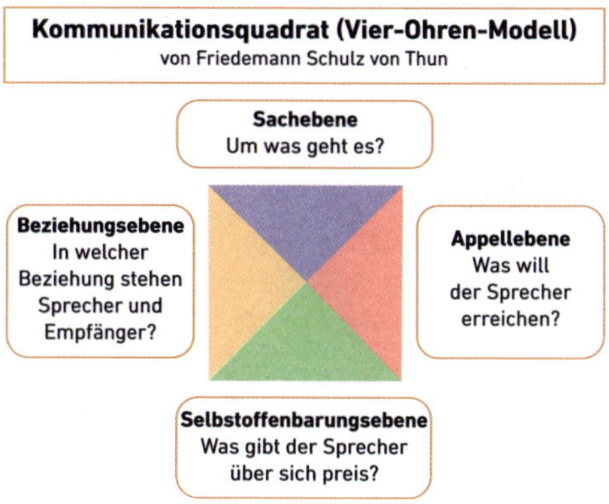

Situation/Sachebene: Alle sechs Hunde hüpfen aus dem Auto, legen sich hin und gehen nicht zum fremden Hund.

Appellebene: Sechsmal hintereinander mit drei verschiedenen Temperamenten, ist das zu glauben? Hier noch einmal die Informationen von eben.

Ich habe die Situation erkannt, ich kontrolliere die Handlung (aussteigen und hinlegen) im Außen, ich stabilisiere die Hunde mit Ruhe, »Lie down«, im Innen.

1. Appell: Sanguiniker/GASPEDAL. Komm motiviert (Nähe), trau dich, Hund, sei stark, komm zu mir (heraus aus dem Auto) und in den Reiz, nah (in Richtung fremder Hund), alle Türen sind offen für die Aktion, mach etwas.
2. Appell: Choleriker/BREMSPEDAL/ Leg dich hin. Es dominiert die Distanz zu mir: Geh runter, mach dich kleiner, gehe in deiner Dynamik in den Boden, gehe gedanklich und körperlich weg vom Reiz, nach unten.
3. Appell: Phlegmatiker/Kupplung. Die Kupplung bedeutet: Ich mache es dir leichter mit »Lie down«, da meine Hunde alle zum positiven Reiz (fremder Hund) hinwollen.

Selbstoffenbarungsebene: Nach innen Phlegmatiker/Choleriker, nach außen Sanguiniker: Ich habe den Hund gesehen (ich grüße sogar noch), ich leite die Situation, ich bin gelassen (sehe nach außen und grüße) und präsent. Meine Konzentration liegt im Innen, ich dulde kein Aber, keine Freizeit, jetzt keine eigenen Entscheidungen, ich kontrolliere.

Beziehungsebene: Ich leite euch (bin dominant), ich führe die Situation für uns als Gruppe, (ich bin Mittelpunkt eurer Wahrnehmung / ich werde nicht in Frage gestellt), ich verstehe euch (empathisch), **ich bin FAIR.**

Die Reaktion des Empfängers auf die Nachricht ist zu einem guten Anteil sein eigenes Werk

Deshalb ist es angemessen, wenn der Empfänger seinen Teil der Verantwortung für seine Gefühle und Reaktionen übernimmt und sie nicht dem Sender alleine aufbürdet, nach dem Motto: »Nun sieh, was du angerichtet hast«, oder: »Du kannst nicht anleiten!« Diese Übernahme der Verantwortung ist nicht nur sachlich angemessen, sondern erleichtert auch die Kommunikation ungemein. Denn wenn der Empfänger im Sender den bösen Täter und in sich selbst nur das arme Opfer sieht, oder andersherum, kommt es leicht zu einem Tribunal, das sich der Frage widmet »Wer hat Schuld und wer hat recht?«.

Deine persönliche Praxis: Übe, wer zu sein!

Melancholiker (schwerblütig; Mutter/Krankenschwester)

Niedrige Ausprägung in Extraversion (= hohe Ausprägung in Introversion) und hohe Ausprägung in Neurotizismus = labil. Launisch, ängstlich, starr, nüchtern, pessimistisch, reserviert, ungesellig, still.

Der Melancholiker liebt Struktur von anderen, ist und bleibt nah, hält aus und macht Vorschläge, stellt keine Bedingungen.

Im positiven, also angenehmen Kontext bedeutet diese Rolle:

Von dir für dich: Du bist in voller Aufmerksamkeit auf das Außen, du hast Interesse, du bewunderst dein Gegenüber, du bist schnell zufrieden, du bist schnell erstaunt und häufig nachdenklich.

Von dir für den anderen: Du sorgst für Vertrauen und stehst in voller Akzeptanz. Du bist defensiv, also eher distanziert, bist eher im Rückzug, bleibst aber positiv und freundlich. Du bist für den anderen da. Du stellst keine Forde-

Der Melancholiker.

rungen und gibst selbst keine Energie in Spannungen.

Der Melancholiker lässt den Hund die Bewegung im Raum, die Stimmung, die Energie und somit die Regie seiner Gefühle führen. Hier ist der Mensch sehr offen für jedes Thema, im Gespräch, im Raum, in der gemeinsamen ruhigen Energie, aber fluffig. Er hält seine eigene und die des Hundes.

Du wachst morgens auf und schwingst dich ein in die mütterliche, hochempathische, versorgende, liebende Struktur. Diese Aufgabe kannst du mit einem Lächeln kurz bejahen und gehst dann mit deinem Hund in Kontakt. Jede Pore ist geöffnet, es gibt kein WEIL, kein WARUM. Es braucht hierfür keinen Grund und keine einzige Leistung im Gegenüber. Gehe vorher nicht mit dem Hund in Kontakt.

Jetzt bist du für zwei Tage der absolut freundliche Kontakt- und Ruhepol in deinem Haus, in deiner Beziehung zu deinem Hund.

Jede Interaktion wird vom Hund eingeleitet mit einem ruhigen »Ich habe kurz Zeit für dich«.

- Dein Hund kontaktiert dich, so wie er es auf seine eigene Weise gerne macht. Du bist absolut tolerant und nimmst alles mit Liebe entgegen, was dein Hund dir zu sagen hat.
- Du hältst kurz inne, sortierst dich, vielleicht sagst du dir kurz deine Rolle vor, wer du heute bist: Om. Sprich es erst innerlich für dich aus, dann setzt du einen ganz ruhigen zugewandten Gesichtsausdruck auf: Sprichst liebevoll den Namen aus: »Hallo Lucky«, dann bewegst du deinen Körper um mindestens fünfzehn Zentimeter nach hinten, vom Hund weg, und fragst ihn ganz liebevoll: »Kommst du zu mir?« Er kommt, du nimmst eine riesige Ladung Liebe entgegen, umfasst ihn mit deinen Händen, ruhiger Atmung und offenem Herzen. Du sagst ihm, wie sehr du ihn liebst, und lässt ihn wieder gehen.
- Die wichtigsten Botschaften sind: innehalten, also bis drei zählen, ruhig atmen, Namen aussprechen, rückwärts vom Hund weg den Körper als Einladung öffnen, den Hund in Empfang nehmen, für etwa drei bis vier Sekunden ihm körpersprachlich mit sozialem, positivem Feedback an Kopf und Hals und Schulter berühren. Dein Hund sollte sich in der Sequenz nicht wegdrehen von dir (falls doch: Du bist nicht in der Rolle, das zu verhindern oder zu verändern), also prüfe deine innere Haltung stets und nimm die von deinem Hund als Resonanz wahr.

Der Spaziergang: Leider wirst du in dieser romantischen Phase auch rausmüssen. Ich weiß als Trainerin, wie schwierig es für viele Teams ist, hier die Ruhe und die Struktur zu bewahren. Wir ver-

In Krisen schaltest du deine Erwartungen aus, du bist jetzt nur für Versorgung zuständig.

Nähe und Liebe / Akzeptanz pur; ähnlich einer Mutter/Krankenschwester, mit Liebe versorgend und unterstützend. Selbstaufgabe. Hut-Idee: Haube einer Krankenschwester? Fürsorge und bemutternd eher verwöhnend.

suchen es in Beschreibungen, ich gebe dir Hilfestellungen für dein mögliches Om:

- In Krisen schaltest du deine Erwartungen aus, das wird unter Umständen der schwierigste Part werden. Ein wichtiger Teil der Umstrukturierung deiner Beziehung ist jetzt erst mal, klar zu sein: Wer bin ich?
- Du bist Krankenschwester, hast immer zur Not den Podcast wieder am Ohr für deine eigene ruhige innere Einstellung: Om. Dein Hund ist sehr aufgeregt, du stellst dich vor ihn, bist aber nicht seine Projektionsfläche. Du bist mütterlich mit einem Kind in Not und hörst für dich fünf Sekunden lang nur deine innere Stimme, deine Welt. Vielleicht helfen innere Bilder? Du legst dich im Geiste kurz auf eine Wiese, bist dort für dich, oder welches Bild mir immer ungemein hilft: Ich liege auf dem Boden, habe die Augen geschlossen, mein Pferd tritt an meine Seite und schnaubt mich an. Darüber bin ich dann so tiefenentspannt und glücklich, dass ich mit dieser inneren Einstellung für meinen Hund in der Krise in seiner Explosion ein doppeltes Om habe, eins für mich und eins für ihn.
- Versuche das erneut in den Problemfeldern, als Beispiel: Da kommt der fremde Hund, und du weißt, dein Hund flippt gleich aus. Straffe jetzt nicht die Leine, sodass du genug Halt hast. Gehe, atme in den Boden, lege dich auf die Wiese und lass dir vom Pferd kurz die Haare wegschnauben. Lächle und gehe am fremden Hund vorüber. Om.

- Nach der Konfrontation ist dein Hund noch total aufgeregt. Bleib kurz mit ihm stehen und bleibe ganz bei dir, obwohl dein Hund dir sehr nah ist, du bist nicht seine Projektionsfläche. Atmen, auf der Wiese liegen. Lass dich erst dann mit einbeziehen, wenn der Qualm aus deinem Hund heraus ist: Lass dich kontaktieren, sage den Namen und gehe rückwärts, gib ihm das ehrliche, sozial positive Feedback und gehe nach drei bis fünf Sekunden eine ganze Weile aus seinem Kontakt.
- Wenn er unruhiger ist als sonst, ist diese Position als Ergänzung nahezu die wichtigste. Wir werden sehen. Lass dich notfalls anspringen von deinem Hund, ärgere dich nicht, sondern leg dich auf die Wiese. Om.
- Ruhe, nochmals Ruhe, Liebe, Offenheit, Gelassenheit, Verständnis: Sei du der Mensch, den du im größten Leid gerne an deiner Seite hättest.

Choleriker (warmblütig; Erzieher/ Polizist)

Hohe Ausprägung in Extraversion und hohe Ausprägung in Neurotizismus. Empfindlich, unruhig, aggressiv, erregbar, veränderlich, impulsiv, optimistisch, aktiv. Der Choleriker streitet, besteht auf Distanz und stellt Bedingungen.

Der Erzieher übernimmt die Regie, er leitet die Bewegung, die Stimmung im Raum, die Energie und nimmt den Raum für sich in Anspruch – mit sozialem Austausch, für den guten Zweck der Familie / der Gruppe. Meine Regeln = deine Sicherheit. Hier ist der Mensch unfluffig, ganz klar und straight.

Jetzt wird es ernst: Für 48 Stunden soll kein Aber und kein Vielleicht aus deinem Mund kommen, erst recht nicht körpersprachlich. Du übst, Disziplin im Gegenüber zu erwarten, oder vielmehr, es nicht nur zu erwarten, sondern zu bekommen.

Du wachst morgens auf, vielleicht verzichtest du kurz auf Gewohnheiten wie Social Media und Co. Höre stattdessen, wenn du magst, einen treibenden Rocksong, vielleicht sogar Heavy Metal: Lass dich vier Minuten lang inspirieren im Hinblick auf Kraft und Status.

Du bist heute ein Entscheider, zieh dir gedanklich mal eine Polizeiuniform an.

Der Choleriker.

Kraft und Status.

Du kümmerst dich um dich, um deine Regeln:

- Dein Hund kontaktiert dich, du hältst inne, sagst dir kurz, wer du bist. Und schickst deinen Hund verbal und körpersprachlich von dir weg. Du hast zwei Tage für dich gebucht, nicht für deinen Hund. Er darf in deinem Umfeld sein, er darf dich nicht kontaktieren.
- Immer wenn er die Idee hat, zu dir zu kommen, gleicher Ablauf: Er kommt, du hältst drei Sekunden lang inne, sagst dann verbal: »Geh ab«, und schickst ihn mit deiner Körperspannung weg.

Den Status zu halten, heißt, den eigenen Raum zu arbeiten.

- Das Wichtigste hierbei: Du zeigst ihm nicht, wo er hingehen soll, sondern baust nur die Distanz zwischen euch auf. Trenn dich mal von deiner Projektionsfläche, im Sinne deines Hundes.
- Er ist nicht dein Therapeut, nicht deine Mutter. Schick ihn also immer ein paar Zentimeter von dir weg, damit du diese Bewegung dieser Struktur spüren lernst. Mach dir bewusst, welche »Rolle« du gerade spielst. Er soll weichen üben, für sich sein oder dich nicht so, wie er es sonst tut, kontaktieren.
- Er wird sich verändern in zwei Tagen, warte das schöne Ergebnis ab, halte durch.
- Er wird nachdenklich, er tritt in deine Nähe, ohne dich direkt zu kontaktieren, er beginnt seine Wandlung. Er wird respektvoll, gewahr und hoffentlich ruhig. Wenn er sehr unruhig wird, ist das ein möglicher Hinweis auf die spätere Wichtigkeit dieser Struktur, vielleicht fehlen deinem Hund tatsächlich Halt und Sicherheit. Chef sein, Polizei spielen, kreiere Bilder, die dir helfen, in dieser Übung stabil zu bleiben und weiterhin den Ton anzugeben. Wenn dein

Hund beim Wegschicken ausflippt und in der kurzen Phase danach sehr unruhig ist, dann habe ich noch eine Konrads-Spezialkleber-Übung für die Rebellen an Tag zwei.

- Immer wenn dein Hund gar nichts von dir will, willst du mal was von ihm, nämlich, dass er sich bewegt. Spiel mal überraschend Schubskarre mit deinem Hund, also ein wenig rumschubsen. Klar, ohne Schmerzen, also nicht treten, sondern ruhig und penetrant den Hund vor sich halten, bewegen, mit schubsenden, schleifenden Füßen vor sich halten. Den Hund zu bewegen, bedeutet, den Raum um deine Füße herum in Richtung Hund freier zu halten. Da viele Hunde hier schon ein Phlegma gelernt haben, könnte man mit dieser Schubsübung den energetischen Kartoffelsack Hund wieder bewegen. Ganz spielerisch für den guten, also ernsten Zweck. Ihn in Nichtkontaktzeiten mit der neuen Position bekannt machen.
- Wenn dein Hund arg rebellisch ist, also sehr unkooperativ, dann spielst du jetzt den Rebellen, du drehst den Spieß um, einfach, weil du es draufhast.
- Nach dieser Aktion – du bist der größere Rebell von euch beiden – gehst du zu ihm, leinst ihn an und gehst als Boss mit ihm spazieren.
- Du machst keine Körpersprache-Übung auf dem Spaziergang, sondern bist zwei Tage lang sehr sprachlos. Die Leine bleibt dran. Ihr macht einen Leinenspaziergang, ändert ggf. die Route, um die Orte auszusparen, an denen er sonst eher Party feiert, also die Felder und Wälder seines Spaziergangs. Geh stattdessen an Grünstreifen spazieren, durch Siedlungen, wenn du dort nicht auf allzu viele Hunde triffst.
- Bleibe klar und ruhig, gib keine einzige Kommentar für Problemverhalten, ebenso wie in der Übung »Therapeut«. Anders als dort korrigierst du aber nach dem Problem. Du wartest auf den ersten Kontakt deines Hundes zu dir ab und schickst ihn weg mit einem verbalen »Geh ab« und einem körpersprachlichen Abweisen, sodass dein Hund weicht.
- Bringe diese zwei Tage hinter dich, mit dem Wissen, für etwas Gutes zu handeln. Du lässt dich nicht benutzen und du benutzt nicht. Ihr werdet euch anschließend mit viel mehr Klarheit begegnen können, versprochen. Spür mal in dich hinein, wie schwer es dir fällt. Aber warte noch mit dem Urteil. Die letzte Übung wird noch anstrengender ☺.

Sanguiniker (leichtblütig; Kumpel/ Clown)

Hohe Ausprägung in Extraversion und niedrige Ausprägung in Neurotizismus (= hohe Ausprägung in Stabilität), gesellig, aufgeschlossen, redselig, reaktiv, lebhaft, sorglos, anführend.

Der Sanguiniker.

Der Sanguiniker ist witzig und geht bei jeder Variante, egal ob nah oder distanziert, freudig und schwungvoll mit.

Stellt häufig wenig Bedingungen, ist selten ernst.

Der Kumpel wechselt im Geben und Nehmen von Raum, hier sind beide, Hund und Mensch, immer wieder für sich und miteinander, das Miteinander ist eher leichtgängig schwingend, locker in der Bewegung, der Stimmung, der Energie. Mensch und Hund sind beide bewusst und kolossal fluffig.

Du wachst morgens auf und stellst deine innere Stimmung sofort auf Party, wie ein Karnevalslied startest du in den Tag. Jetzt brauchst du am meisten Puste. Sei Labrador. Spaß auf 100 Prozent, Gas hoch.

Körpersprachlich bist du total fluffig, flexibel, immer wieder positiv provokant. Es gibt viel Balgen und Toben, aber keinen Ernst und keine Spur von Gelassenheit in dir.

- Dein Hund kontaktiert dich noch nicht, du springst aus dem Bett, läufst auf ihn zu und spielst ihn an, so wie es Welpen, nein so wie es kleine Teenager im Junghundekurs tun, volle Breitseite, keine Rücksicht auf Verluste. Mal für zwei Tage das Gehirn ausschalten.
- Kannst du dir vorstellen, wie Deutsche Doggen im Sozialspiel untereinander aussehen? So spielst du jetzt, ständig und immerzu, deinen Hund an, am liebsten auch und oft dann, wenn er dich nicht kontaktiert, auch wenn er an etwas ganz anderes denkt, auch wenn er döst, aber erst recht, wenn er dich kontaktiert.
- Lege jegliche Ruhe, sämtlichen Respekt beiseite, und die Scham auch ☺.
- Kläre deine Familie vorher auf, sie prüfen sonst deine Getränke ☺.
- Du musst für zwei Tage Puste haben und darfst die Party nicht pausieren lassen.
- Körpersprachlich bist du total fluffig, flexibel, immer wieder positiv provokant. Es gibt viel Balgen und Toben, aber keinen Ernst und keine Spur von Gelassenheit in dir. Uff.
- Der Spaziergang: Du rufst deinen Hund, so wie es die schlechteste Hundeschule gerne hätte, mit völligem Thrill in der Stimme, der auch deine Beine und Arme in Schwung hält. Einzige Ausnahme: Dein Hund hat Angst vor Menschen, dann bitte nur verbale Party, keine Körperclownerie.
- Du leinst ihn an und gehst mit ausschließlich hüpfenden Schritten spazieren, am liebsten kurz dort, wo er nur im Freilauf ist. Hüpfe oder gehe schnellen Schrittes, mit Karnevalslied im Ohr, den Spaziergang durch, wie ein Duracell-Häschen.
- Immer, wenn dein Hund dich kontaktiert und auch mal zwischendurch, wenn er dich nicht kontaktiert, rempelst du ihn mal liebevoll an und sagst ihm eine verbale Floskel, wie: »Na, du kleiner Racker, komm schon, lass uns mal aufgeregt sein.« Während dieser 48 Stunden übertreibst mal du, nicht er. Er wird sich wundern und wundern und wundern, und er wird staunen, er wird über das Staunen achtsam sein, er wird deine Energie mit sogenannter Faszination und Begeisterung lesen wollen, vielleicht mit einer sehr neugierigen Erwartung. Er wird sich selber Fragen stellen und darüber auch sein Verhalten »reflektieren«.

Phlegmatiker (kaltblütig; Fels/ Therapeut)

Niedrige Ausprägung in Extraversion und niedrige Ausprägung in Neurotizismus. Passiv, besorgt, nachdenklich, friedlich, kontrolliert, zuverlässig, ausgeglichen, ruhig.

Der Fels ist und bleibt distanziert. Er betrachtet auch ohne Hilfestellung, er analysiert vielmehr. Ich finde den Fels als Ausklang aus dem Schauspiel sehr passend und für dich wirkt er vielleicht sogar beruhigend. Für den Hund ganz sicher, da ich persönlich glaube, dass wir alle (und damit meine ich auch mich!) viel zu viel interagieren. Treten wir doch aus der Interaktion mal zurück und betrachten die Situation, also ignorieren sie nicht. Wir beschauen alles und nehmen auf diese Weise daran teil. Wir geben nur kein Feedback und stellen keine Forderung. Das ist das größte Om aller Zeiten. Der Fels.

- Du wachst auf und bist für dich. Male dir gedanklich eine kleine Blase um den eigenen Körper, aus der keine Aktionen herausstoßen, keine Arme, keine Beine, keine Körperbewegung belästigt den Hund. Bleibe bei dir und betrachte den Hund mal als eigenen »Kanal«, als ob du ihn im Fernsehen sehen würdest. Schaffe mal einen emotionalen Abstand zwischen dir und ihm. Ihr seid zwei Individuen, und jetzt entledigst du dich noch deiner Verantwortung – nur für 48 Stunden.
- Du gehst nicht auf ihn ein beim Aufwachen, Aufstehen, Kaffeekochen und so weiter, du nimmst ihn beiläufig wahr, so gut es geht. Gehe auch dann nicht auf ihn ein, wenn er aus Irritation oder Übermut anfängt, hysterisch zu interagieren, hochzuspringen an dir oder anderen (Sachen zu zerstören, lässt er hoffentlich für diese zwei Tage aus).

Der Phlegmatiker.

- Das Spazierengehen gestaltest du für euch beide so unaufgeregt wie möglich. Entweder, du lässt ihn einfach ohne Leine laufen und nimmst nur außerhalb von Problemfeldern wahr, was er so treibt. Begrüßt ihn nicht, wenn er zu dir kommt. Oder, wenn der Freilauf nicht möglich ist, dann gehst du ohne Interaktion einfach an der Straße an kürzerer sprachloser Leine und am Feld an längerer sprachloser Leine.
- Du bist nur für dich, bist für diesen Zeitraum dein eigener Therapeut und der für deinen Hund. Dadurch können wir besonders gut spüren, wie schwer es uns persönlich fällt, oder vielleicht, wie selten es bisher stattgefunden hat. Mal selber die eigene Unruhe wahrnehmen – »Ich muss handeln« – und dies für 48 Stunden eben nicht tun. Steige nicht im Innen mit dem Hund in tolle Kooperationsübungen ein, komme nicht nach außen in die Un-

sicherheit: »Da ist eine Situation, die ich beherrschen muss«. Spürt beide, also du und dein Hund, mal hinein, wie eine Beziehung ohne Aufregung stattfinden kann bzw. wie sich Momente der Gelassenheit anfühlen.

Ich-Botschaften im Einsatz

Nachrichten mit hohem Selbstoffenbarungsanteil werden Ich-Botschaften genannt.[7]

Nach den vier mal zwei Tagen, würde ich, wenn ich du wäre, mal einen Tag Pause machen in der Beziehung, frag mal deine Familie oder Freunde und Bekannte, ob sie mit dem Hund rausgehen, und du schaltest mal um auf »Ich bin Katzenliebhaber«. Gönn dir Zeit und Raum für dich. Nach der Arbeit gehst du in die Sauna, ins Schwimmbad, zum Yoga oder ganz rebellisch spazieren ohne Hund. Drücke für dich mal die Reset-Taste in diesem Zirkus. Um bereit zu sein für die Entwicklung und auch für den Aufwand, der dafür nötig ist.

Du findest zunehmend zu deiner Authentizität, wenn du ehrlich zu dir selbst bleibst: Wie ist dein inneres Erleben bei den jeweiligen Übungen?

Kongruenz und Authentizität finden zueinander

Warte, ich übersetze es dir: Es bedeutet, in Übereinstimmung mit dem Hund als Gruppe, also häufig beweglich in der gleichen Meinung zu sein und dann

In beweglicher Übereinstimmung.

wiederum in der eigenen authentischen Auffassung. Sprich deine Meinung kurz und authentisch zu einer Situation oder einem Verhalten deines Hundes als Abgrenzung äußern.

Je kongruenter du mit deinem Hund jedes Gespräch zu führen lernst, desto eindeutiger ist die Nachricht. Es gibt zwischen euch keine Missverständnisse mehr.

Je mehr dein Hund lernt, dir zuzuhören, umso mehr wirst du dich verstanden fühlen. Du wirst nicht ignoriert.

Diese Entspannung wiederum spürt dein Hund und wird mit zunehmendem Vertrauen an euren Gesprächen teilnehmen. Der Dialog nimmt therapeutische Qualitäten an, wenn du deine Werkzeuge klar trennst. Du wirst Teil seines biologischen Systems.

Der Prozess beginnt

Am folgenden Tag, nach dem Auszeit-Tag, wachst du auf, dein Hund kommt auf die erste Idee des Kontakts, und du schaust, denkst und spürst in ihn hinein. Nimm mal einen Tag lang deinen Hund als Sender von Botschaften und Informationen wahr.

Beantworte sie bewusst nicht zu spontan.

Wir üben, diese drei Empfangsvorgänge auseinanderzuhalten:

1. Etwas wahrnehmen: Heißt, etwas zu sehen und zu hören, etwa, wie bewegt sich dein Hund in Bezug auf dich?
2. Etwas interpretieren: Heißt, das Wahrgenommene mit einer Bedeutung zu versehen, z. B.: Er verhält sich körperlich vorsichtiger, er achtet res-

Welche Signale werden hier ausgesendet?

Sei neugierig und staune.

pektvoller auf mich, oder er ist sehr aufgeregt, bewegt sich sehr sprunghaft.

3. Etwas fühlen: Heißt, auf das Wahrgenommene und Interpretierte mit einem eigenen Gefühl zu antworten, wie Sorge: Ist er irritiert? Bin ich es auch?

Lege dir gerne eine gedachte Schablone auf eure körpersprachliche Beziehung, Fokus auf deinen Hund, vorerst nur zuhause:

- Wie nah kommt dein Hund dir physisch, im Verhältnis zu vorher?
- Wenn er dir nah kommt, wie ist er dann?
- Wie hoch ist seine Aufregung, wie oft berührt er dich taktil, welche Körperteile wendet er dir primär zu?
- Wie einfach fällt ihm der Dialog jetzt?
- Wie achtsam nimmt er dich wahr?
- Gerne kannst du dich den ganzen Tag mit dieser Diagnose für euch beide beschäftigen. Mach dir Notizen: Welchen Hut (z. B. Sanguiniker) trägt mein Hund in welcher Situation?
- Was fällt besonders auf, war vorher schon vorhanden?
- Was fällt besonders auf und ist anders?

Für die Experten unter euch, stellt euch regelmäßig die Frage nach dem Hut:

A. Ist er dir kuschelig näher gekommen = Mutter/Krankenschwester?

B. Ist es leichter, ihn auf Distanz zu bekommen = Erzieher/Polizist?

C. Rechnet er noch mit Spiel, bzw. würde er es beantworten = Kumpel/Clown?

D. Ist er abwartend-distanziert und gleichzeitig ruhig = Fels/Therapeut?

Zur Veranschaulichung hier ein Zitat von Friedemann Schulz von Thun über die Verantwortung des Empfängers für seine Reaktion: »Die Reaktion des Empfängers auf die Nachricht ist zu einem guten Teil sein eigenes Werk. Deshalb ist es angemessen, wenn der Empfänger seinen Teil der Verantwortung für seine Gefühle und Reaktionen übernimmt und sie nicht dem Sender alleine aufbürdet, nach dem Motto: ›Nun sieh, was du angerichtet hast.‹ Diese Übernahme der Verantwortung ist nicht nur sachlich angemessen, sondern erleichtert auch die Kommunikation ungemein. Denn wenn der Empfänger im Sender den bösen Täter und in sich selbst nur das arme Opfer sieht, kommt es leicht zu einem Tribunal, das sich der Frage widmet ›Wer hat Schuld und wer hat recht?‹«[8]

Die Fragen, die wirklich wichtig sind

Hast du das Gefühl, dass bei dir und deinem Hund neue Möglichkeiten im Dialog für die beiden Parameter Distanz und Nähe geschaffen wurden?

Ich bin überzeugt, dass jeder Hund diese Parameter immer leicht wandeln, also verändern kann, ebenso jeder Mensch. Wir sind alle ausreichend lernfähig und ausreichend sozial.

Wichtig ist, dass wir uns bewusst darüber sind, warum und wann wir überhaupt Nähe möchten und wann wir Distanz brauchen.

Nähe ist und bleibt das höchste Gut, für uns.

Nachwirkungen von Übung 1: Welche Rolle nimmst du wann an? Welche Rolle liegt dir besonders?

Überlege dir nach den zwei Tagen einen Übergang in die Normalität, verbunden mit den Fragen: Welche Verhaltensänderung kommt mir besonders nah, für eine Verbesserung unserer Beziehung? Welche Persönlichkeitsstruktur erwartet mein Hund in dem Moment, in dem er das Verhalten zeigt?

Hier je ein Beispiel für jeden der vier Typen:

1. Dein Hund ist ruhig und zugewandt wie sonst nicht, er verweilt mehr mit dem Kopf bei dir, ist offen im Gespräch und nimmt dich anders wahr als früher = Nähe und wenig Energie = die Mutter.
2. Dein Hund ist abwartend-respektvoll dir gegenüber, leicht fragend, ob es für dich in Ordnung ist, wenn er dich kontaktiert = Distanz und viel Energie = der Erzieher.
3. Dein Hund ist freier und fröhlicher als sonst, kontaktiert dich viel häufiger, ist unbeschwerter mit dir, hat ein Lachen im Gesicht = Nähe und viel Energie = der Kumpel.
4. Dein Hund ist ruhiger, abwartend, betrachtend, allen Dingen mehr Zeit gebend und somit Abstand einräumend, für Klarheit offener, auch dir gegenüber = Distanz und wenig Energie = der Fels.

Du hattest ganz klar den Auftrag, zu schauspielern. Darüber hast du vielleicht Erfahrungen sammeln können – was fällt dir eher schwer? Dann erkennst du auf der in etwa gegenüberliegenden Seite deines Persönlichkeitsspektrums DEINE PERSÖNLICHE STÄRKE: Da wir meist gepolt sind, auf Fehler zu achten, werden diese dir schneller auffallen als die hohe Kompetenz, die du hast.

Deine Kompetenz wird immer dein Hauptwerkzeug in jeder Beziehung sein, wenn es nicht als Strategie angelegt ist. Ich gehe davon aus, wenn du alleine mit deinem Hund über die Welt der Energie und Persönlichkeit sprichst, kannst du unbesorgt die Hüllen fallen lassen und recht schnell ehrlich zu dir selbst sein. Das ist der wichtigste Part in deinem eigenen Prozess: Selbstreflexion und die Beachtung dessen, was du daraus erkennst.

Sonst landest du immer wieder in der Inkongruenz deiner Kommunikation zwischen Körper, Geist und Gefühl.

Jede Ich-Botschaft wird an ihrer Authentizität leiden, wenn wir vertuschen. Um es in einfachen Worten zu beschreiben: Du bist stinksauer auf deinen Hund, weil er Mist gebaut hat, aber statt einer authentischen Reaktion holst du ihn nah zu dir und lobst ihn auf Teufel komm raus, damit er nicht wieder wegrennt, oder warum auch immer.

Oder ein anderes Beispiel: Du denkst, ich muss jetzt echt Chef werden, weil die Brinkmann das draufhat, und arbeitest

Für einen guten Zweck, eure vollkommene Beziehung.

Sozialer Klebstoff durch soziale Ehrlichkeit.

deinen Hund von dir weg, während du in Tränen ausbrechen könntest, wenn er vor dir weicht, weil du die Trennung zwischen euch gar nicht aushalten kannst. Das wäre ebenso wenig authentisch.

Üben wir, ehrlich zu sein. Kaum jemandem kannst du wahrere Worte sagen als deinem Hund.

Ich möchte dich ja nicht als Persönlichkeit verdrehen, ich möchte gerne, dass du ein Bewusstsein dafür bekommst, was du wie und wann tust. Welche Reaktionen würde jede der Kommunikationseinheiten im Sozialverhalten deines Hundes verursachen? Kannst du bewusst die Ursache sein? Der gute Zweck: Damit eure Kommunikation klar wird – für euch beide.

Was bedeutet Ja, und was bedeutet Nein, oder was bedeutet es, wenn dein Hund sich auf eine bestimmte Weise dir gegenüber verhält? Dann ist deine Antwort eben das entsprechende Verhalten deinerseits.

Die größte Hoffnung für mich liegt darin, dass kein Leser mehr sagt: »Mein Hund weicht einfach nicht vor mir zurück«, oder: »Mein Hund kommt einfach nicht sozial zu mir.«

Du hast das herausgefunden für euch, du kennst nun eure Struktur von Frage und Antwort! Für eure Beziehung, das nenne ich Liebe und Fürsorge.

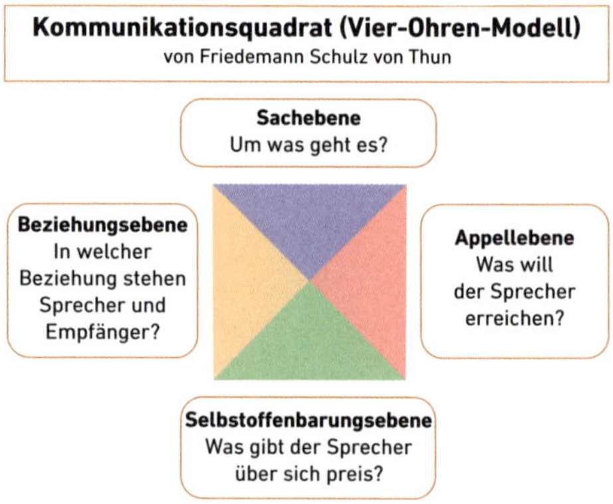

Du hast die Selbstoffenbarungsebene, die Appellebene und die Beziehungsebene nun sehr eingehend untersucht und geübt. Bringen wir mal die Sachebene mit hinein.

2. ÜBUNG: Bewusster Streit um ein Thema / eine Sache / eine Pizza

Der Appell, das Ausrufezeichen in der Botschaft: Wir üben Imponier- und Drohtechniken

Zurück zur Pizza, unserem beliebten und auch leckeren Stellvertreter. Es geht auch wieder ein Stück weit um selektive Authentizität.

Die kommende Übung dient der SELBSTDARSTELLUNG.

Du legst eine Pizza mitten in dein Wohnzimmer und wartest darauf, dass dein Hund Kontakt zu der Pizza aufnimmt, also sich ihr mit der Absicht, sie zu fressen, nähert. Du gehst mit ihm in das tiefe Gespräch zum Thema »Meine Pizza, deine Pizza«, und zwar in Form von kleinen, überzeugten Schritten in Imponier- und Drohgeste.

Wenn du Scham- oder Schuldgefühle empfindest, stell dir vielleicht vor, die Pizza sei vergiftet.

Anleitung zum Streitverlauf in konkreten Bildern

1 Mache dir den Gedanken »Meine Pizza!« bewusst. Manchmal hilft auch ein zusätzliches gedankliches: »Du spinnst wohl!« Ganz wichtig, es findet noch keine Bewegung statt, du bleibst dort, wo du gerade stehst.

2 Bringe Klarheit in deinen Körper: Energie an, du möchtest streiten. Nach wie vor an der Stelle, an der du stehst.

3 Stell dir vor, du könntest deinen Hund von hier aus von deiner Auffassung von Distanz oder Nähe überzeugen.

4 Je mehr Türsteher-Mentalität in jedem einzelnen Schritt bewahrt bleibt, um so reichhaltiger ist der Erfahrungswert für eure Beziehung.

5 Ich gehe davon aus, dass dir die Bewegungsachse und die innere Einstellung des Hundes bewusst ist und du eine Idee davon hast, welche Antwort du als »passend« befindest.

6 Es ist ein Dialog für die Beziehung, hier geht es nur um die stellvertretende Sache: die Pizza.

7 Bist du zufrieden? Dein Hund geht in Resonanz und passt sich deiner Körperbewegung und Energie an, er zeigt passive Demut, weicht minimal von dir und somit der Pizza zurück, er hält sehr deutlich inne und verweilt.

8 Du hältst ebenfalls mit der Körperbewegung inne, bleibst kurz da, wo du geografisch bist, wartest etwa zwei bis drei Sekunden.

9 Dein Hund verweilt bei dir in Kontakt, offen für das Gespräch, ist in Verbindung zu deinem Wunsch, also mehr Bereitschaft für Distanz (Anpassung) als Annäherung zu dir, geschweige denn zu der Pizza.

10 Du baust deine Körperenergie ab in den Boden hinein, leicht weg vom Hund, in gebrochener Achse. Deine Atmung, dein Puls, deine gesamte Körper- und Geistspannung geht auf released. Om. Du verweilst kurz für dich und lässt deinen Hund ganz alleine für sich, im Kontext der Verbindung zu dir, die Synapse bilden. Es braucht dafür tatsächlich nur zwei bis drei Sekunden. Dein Hund himmelt dich hier in dieser Spur tatsächlich an, wenn auch zu Beginn unfreiwillig. Du wirst in seinen Emotionen wahnsinnig intensiv und als wertvoll wahrgenommen.

11 Klarheit – Struktur – Entspannung = LEBEN = LIEBE.

12 Arbeite zum Großteil über die Bewegung und nur minimal mit akustischer Unterstützung. Je kleiner diese ist, umso mehr liegt der Fokus auf der optischen Bahn.

13 Rufe dir als Bild vor dein inneres Auge: die Bewegungslinie »Bahn der Energie«.

14 Der Türsteher geht los in Richtung vordere Schulter, Brust, Kopf, Vorhand.

15 Verlauf der inneren Struktur zur Spannung hin.

16 Dann: Ankommen, ohne Körpertuchfühlung. Ideal wäre hier ein Weichen des Hundes und klare Struktur oder ein push im Menschen.

17 Halte dann inne, um den weichen, den entspannten, man könnte fast sagen: beseelten Gesichtsausdruck des Hundes zu lesen.

18 Baue nun den Druck ab. Der Streit klingt nun für euch beide ab, wenn auch auf unterschiedliche Weise.

Lege den Fokus vor allem in die sich entwickelnde Klarheit, Leichtigkeit und dadurch in die Entspannung. Fühle diese fantastische Form der intakten Beziehung.

Für die meisten Hunde ist es zu Beginn der neuen bzw. verfeinerten Art der Kommunikation sehr viel leichter, anstatt direkt mit dem Hund zunächst ins weite Blaue hineinzureden. Die Pizza ist als Stellvertreter wirklich sinnvoll. Ich würde mir tatsächlich wünschen, dass du die ersten Tage bis vielleicht sogar eine Woche den Fokus auf Übungen, also planvolle Struktur, legst. Das würde bedeuten, jeden Tag für dich und deine Hunde ein paar Mal konstruktives Streiten.

Wähle simulierte Situationen, dir fallen bestimmt diverse Stellvertreter ein, um dich, deinen Körper, deine verfeinerte Art der Kommunikation, deutlich zu trainieren.

Weitere Beispiele für deinen Alltag, ohne Nebenwirkungen: Bring außerhalb der Streitfelder ganz viel Ruhe in euer System. Hier kannst du ganz wunderbar auf Kooperation bauen, von mir aus auch auf Bestechung, und greife total gerne auf Formalismen zurück.

Einige Beispiele dafür:

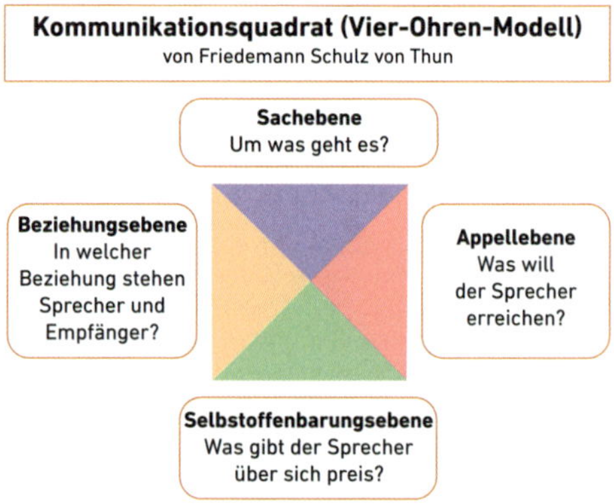

Kooperation: Dein Hund hat eine Socke geklaut. Erzeuge Nähe durch ein positives »Bring her«.

Formalismen: Box und Liegedecke, geschlossene Räume. Nutze vordergründig keine soziale Kommunikation. Gehe liebevoll ins Halsband, Herz an, und führe den Hund in die Box. Mache danach kurz eine Pause.

Wenn du das Gefühl hast, eure Streitzone ist fein und detailliert entwickelt – woran erkenne ich die neue Streitkultur? Wie erkenne ich »leicht« und »fein«?

3. ÜBUNG: Spielen wir es durch – Du bist mit deinem Hund im Dialog im Raum

»Ansatz am Individuum. Das heißt: Ich fange bei mir selber an. Hier besteht einerseits die Chance, noch unterentwickelte Persönlichkeitsbereiche zu vervollkommnen, dich selber mehr zu befähigen. Meister deiner selbst zu werden« – so Friedemann Schulz von Thun. Ich ergänze: Aber gleichzeitig auch ehrlich zu sich selber zu sein.

Kernarbeit und höchste Form von persönlicher Entwicklung

Was sich so schmerzvoll anhört, »unterentwickelte Persönlichkeitsbereiche«, liegt in der Geschichte unserer Evolution und Entwicklung. Damit möchte ich sagen: Zur Zeit der Säbelzahntiger vor unseren Höhlen, also Territorien, hatten wir deutlich mehr Körpergespür für Distanz und Nähe. Auch sozial betrachtet, war vieles rustikaler, einfacher und somit klarer – irgendwann mal in der frühen Entwicklung des *homo sapiens*. Jetzt sind wir minimal degeneriert, versaut und gleichzeitig unglaublich formell, logisch und sozial intelligent, nur nicht mehr bezogen auf die Ehrlichkeit und Authentizität unserer Gefühle und längst nicht mehr klar im Ausdruck unserer Körper, da wir zu viel drum herumreden bzw. lamentieren. Wie lange hast du schon keinem Mitmenschen mehr gedroht? Wahrscheinlich ebenso lange wie ich, also sehr lange.

Herzlich willkommen auf Stufe drei. Du hast jetzt seit circa drei Wochen eine etwas gesäuberte Kommunikation. Ich hoffe, du und dein Hund habt eine tolle, neue Streitkultur und einen sauberen Alltag, ohne zu viele Missverständnisse oder innere Unruhen. Du kannst dich selbst wirklich spüren und weißt, ob du gerade auf Nähe oder Distanz gepolt bist. Dein eigenes Körperbewusstsein hat eine neue Erfahrung gemacht. Du spürst den Effekt, um den es in einer ganzheitlichen Beziehung geht.

So versuchen wir gemeinsam den Einstieg in deinen Alltag. Ich bin ein Fan von homöopathischen Dosen, also kleinen Schritten zum Erfolg. Gehen wir es langsam an, damit dein Körperbewusstsein weiterwachsen kann und auch das Lernen eurer Kommunikation sich jedes Mal aufs Neue festigt. Wie eine kleine Saat in einem neuangelegten Gemüsebeet. Mit Energie und Zeit.

An welchen Stellen integrieren wir was in deinen Alltag?

Nehmen wir erst einmal den eigenen Alltag wahr.

1. Wachwerden: Die erste Regung zeigst du für dich. Du rekelst und streckst dich, stößt Töne aus, und dein Hund reagiert, falls er sich ebenfalls im Schlafzimmer aufhält.

Wenn er dich kontaktiert, wer bist du aus seiner Sicht von den vier Persönlichkeitstypen? Würdest du an dieser Stelle ein kurzes NEIN in diesen Moment legen, wärst du erst einmal Erzieher und könntest kurz für Abstand sorgen.

Geht dein Hund von dir weg, wirkt er deutlich ruhiger als vorher. Kannst du beim Aufstehen schon der Fels sein? Du kochst dir Kaffee, dein Hund ist in deiner Nähe, aber ruhiger als sonst, für sich. Der Kaffee läuft, du gehst in Richtung Terrassentür und lässt deinen Hund kurz vor der Tür warten – nur körpersprachlich. Dann schaust du ihn ruhig an und sagst ihm: »Na los, geh zu deiner Party«, lass die Zügel bewusst los, als Kumpel, lass ihn frei und sei selbst frei. Du lässt ihn vielleicht mal in Partystimmung zurück zu dir ins Wohnzimmer und spiegelst kurz die gemeinsame Freude aneinander, ganz fröhlich und frei und sozial.

2. Nachhause kommen: Simuliere eigene Ziele, achte mal nicht auf den Hund. Wie kontaktiert er dich? Wer bist du in diesem Moment? Sei mal zu Beginn der Erzieher, also fordere die passende Distanz ein, ES IST DEIN KÖRPER. Tu

Genieße mehr Zeit für den nächsten Moment, in dieser Phase überträgt sich Raum in Genuss und darüber für beide Nervensysteme Mensch und Hund in Zeit.

Denke an den Beginn und die Geschichte von meinem Cooper, jetzt spürst du Gruppenbewegung.

deinem Hund endlich den Gefallen, sei derjenige, der aktiv die Regie für die Aufregung in diesem Leben übernimmt. Er weicht von dir und du wandelst dich in einen Felsen um. Du gehst in die Küche und räumst deine mitgebrachten Einkäufe ein, ziehst deine Jacke und deine Schuhe aus, du legst immer noch Abstand zwischen dich und deinen Hund.

Du kannst also als Fels selber kurz in deinem eigenen Zuhause, für welches *du* übrigens die Miete zahlst, ankommen. Vielleicht kommt dein Hund sogar auf die neue Idee, auf Abstand, aber in Kontakt, zu verweilen und in voller Verbindung zu dir achtsam zu sein, legt sich hin, schaut dir ruhig zu. Dann nimm dir bewusst die Zeit für das »Komm mal zu mir«, aus voller Brust auf LIEBE eingestellt. Spür mal rein, ob hier mehr oder weniger Aufregung drinsteckt als früher. Trennen kann man sich ja immer wieder voneinander, du weißt ja jetzt, wie!

Ein Traum, wenn ihr ohne Leine gemeinsam losgehen könnt.

3. Gemeinsames Losgehen: Bereite euch auf den Spaziergang vor. Nach dem Wachwerden bewegt ihr euch bereits gemeinsam im Raum, aber du und dein Körper seid kurz für euch. Weise deinen Hund in die Ruhe und in den Abstand. Du nimmst die Leine in die Hand und ziehst die Jacke an. Wer bist du jetzt für deinen Hund, auf Basis der Distanz und Nähe zwischen euch?

Lass dich nicht irritieren von seinem eigenen Stress. Bleib bei eurer Beziehung und dem Dialog. Lerne du für ihn dazu. Seine Aufregung ist sein Problem. Kannst du zwischen Erzieher und Fels gut hin und her pendeln? Oder ist die Situation zu eskalierend für deinen Hund? Ich weiß leider aus Erfahrung, wie tief diese Struktur bei vielen Mensch-Hund-Teams sitzt.

Und ich bin ja ein Fan vom Wandel in homöopathischen Dosen und Scheibchen. Also, ich würde diese Situation mit den Parametern Distanz und Nähe immer mal wieder länger mit dem Hund durchsprechen; immer dann, wenn ihr gerade die Nerven dafür habt. Wenn nicht, bist du weder Erzieher noch Fels. Dann benötigst du beides.

In dem Fall: Hund ansprechen, anleinen und losgehen ohne Rolle. Einfach fünfe gerade sein lassen, diese Bitte stelle ich für dich und deinen Hund, denn nur so kommt ihr beide in die Entwicklung hinein. Selbst dann, wenn das Losgehen aus der Haustür sich niemals ändern sollte. Ihr werdet trotzdem immer verständlicher miteinander umgehen, ganz sicher.

Hilf dir selbst mit Muße und Leine.

4. Abends auf der Couch: Arbeite idealerweise mal über Energie, ohne eigene Körperbewegung einzubringen. Beispiel »Lefze hochziehen«, also nicht mit dem freundlichen Zeigefinger arbeiten, der ja eher anzeigen will, wo der gnädigste Prinz hingehen soll.

Kein »geh dahin«, sondern probiere es mit »Lefze hochziehen« für deine und eure Entwicklung, nutze Aggression und lerne rein körpersprachlich zu sagen: »Nein! Jetzt nicht, zieh ab!« Es ist eine schöne, interne Situation, ebenso wie die anderen beiden ersten, klar und einfach. So entsteht ein Wachstum in der Kommunikation. Wenn dein Hund den Normalfall aufzeigt (»Ich möchte mit dir zusammen auf der Couch liegen oder zumindest kuschelig in Interaktion sein« – wenn die Situation ihn nicht reizt, ist sie kein Trainingsfeld …

Ein Geschenk der Erfahrung für jeden jungen oder alten Hund: sich angleichen.

4. Übung: Sich selbst wichtig zu sein, bedeutet auch, Forderungen stellen zu dürfen

Verbindung von Distanz und Nähe

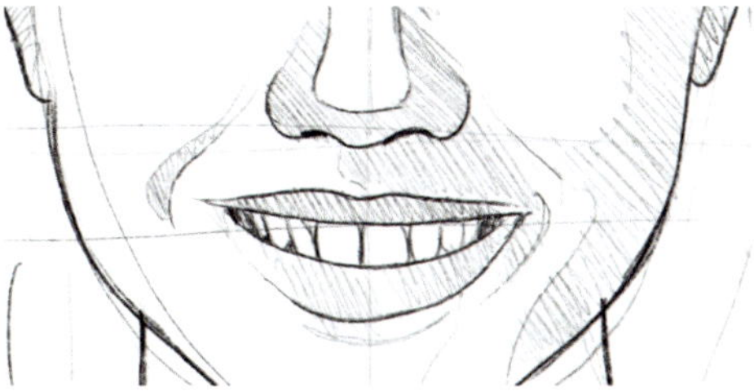

Den anderen wichtig und ernst zu nehmen, bedeutet, ihm einen Vorschlag zu machen. In diesem Praxisbeispiel geht es um die Verbindung der beiden Elemente Distanz und Nähe, weil du sie erzeugen und sehr bewusst kommunikativ verwenden kannst, aber auch ganz bewusst machen um die zeitliche Trennung. Wie ein Rechtsanwalt: Paragraph für Paragraph.

Hier ein Zitat von Marshall B. Rosenberg: »Eine Aussage in gegenwärtiger Sprache bezieht sich auf das, was man in diesem Augenblick möchte. Eine Bitte in gegenwärtiger Sprache, die mit ›Wärst du bereit …‹ beginnt, fördert eine respektvolle Diskussion. Sagt das Gegenüber daraufhin, dass es nicht tut, was wir gerne hätten, dann kommt der nächste Schritt: Zu verstehen, was die Bereitschaft hindert.«[9]

SO ENTSTEHT KLARHEIT. UND DIE VERBINDUNG IM MITEINANDER VERTIEFT SICH.

Nimm dir bewusst die Zeit und gehe aus den Druckzonen heraus, in denen du drohst zu verrutschen. Wir sind viel zu häufig ungenau, und zwar aus der Not heraus, nicht aus einer Tugend. Nimm dich selbst wichtig, geh aus dem Druck heraus und öffne dich für eine neue Dimension. Nimm es erst mal in deinem Labor zuhause wirklich wahr, bevor du Feldforschung betreibst.

Wann fordere ich Distanz, halte mein Nein aufrecht? Und wann biete ich wieder Nähe an, und kann ich diese Nähe aufrechterhalten?

Jetzt in die Übung: die Verbindung beider Pole. Vergegenwärtige dir die bereits eingespielten Übungen deines persönlichen Alltags. Bei der nächsten Übung geht es um die anschließende Versöh-

Die Resonanz wächst.

nung und die darauffolgende Kooperation, die fehlt uns noch im Kreislauf der Kommunikation.

1. Beispiel: Pizza
2. Beispiel: Losgehen zum Spaziergang
3. Beispiel: Abends auf der Couch

Ich beschreibe dir zunächst ganz ausführlich das Beispiel »Pizza«, da es durch die ähnliche Reizlage bei vielen Hunden vergleichbar abläuft.

Die Pizza liegt erneut in der Mitte des Raumes. Dein Hund sieht sie und hat wahrscheinlich mittlerweile schon eine Ahnung, wie er sich verhalten sollte. Er verweilt, wedelt tief, beschwichtigt und zeigt Klarheit über Ja und Nein. Du bist also zuerst Erzieher, er hat die Nummer eh drauf, weicht, ist ruhig, und du gehst über zum Fels. Auch klare Kante, auch geübt.

Der Zusatz kommt jetzt in Form der Einladung zur Kooperation: Sprich ihn an, lade ihn ein und gib soziales Feedback an Kopf, Hals, Schulter und Brust. Achte unbedingt darauf, dass er nicht zu cool ist und dir in aller Seelenruhe den Allerwertesten zum Kraulen zuwendet. Achte auch auf seine Balance im Stressnervensystem – angesprochen zu werden, heißt nicht, dass man sterben sollte vor Aufregung. Ich hoffe, du verstehst diese Beschreibungen mittlerweile in Übertragung auf die Momente zwischen dir und deinem Hund, du hast ganz viel dazu gelernt mittlerweile. Du spürst euch beide viel besser.

Jetzt ist er bei dir in Freude, aber nicht außer sich, und du nimmst ihn ein wenig mit in eine gemeinsame Bewegung, ins Wohnzimmer, in den Flur, ganz egal. Du bekommst ein Gefühl für die Gespräche über Nähe und Distanz.

Mach es nur nicht zu lange, lieber ganz kurze Reprisen, und halte sie heilig, nimm sie wahr für den Prozess der Veränderung. Du bist schon tief in deiner Arbeit. Lass es nach ein paar wenigen Sequenzen gut sein, löse ihn auf, lass die Zügel los.

Vielleicht lässt du deinen Hund aber für die kommende Zeit noch nicht an die Pizza, solange ihr noch übt ;-). Aus dem einfachen Grund, dass es zusätzlich zu Verwirrungen führt, auf die kann man lieber verzichten. Wenn dein Herz ganz schwer wird, weil dein Hund so sehr auf Agonismus, also Zugewinn in seinem Ego, Status und Leben verzichtet, dann lass das Gefühl mal dort stehen. Gib dir und deinem Hund stattdessen eine Umarmung und abends beim Füttern die doppelte Ration oder mal ein paar Happen Käse wie auf der Pizza obendrauf. Und: Schreibe dir doch mal ein paar Fragen auf mehrere Zettel und hänge sie an den Kühlschrank, oder lege sie auf den Nachttisch: »Warum darf mein Hund keinen Verzicht üben?« »Was hält mich davon ab?« »Welches Gefühl, glaube ich, hat mein Hund in diesem Moment, wenn er keine Pizza bekommt?« So oder so ähnlich, je nach deinen Gedanken.

2. Beispiel: Losgehen zum Spaziergang
3. Beispiel: Abends auf der Couch

Die Beispiele kannst du bestimmt schon gut mit Gesprächen füllen, oder? Mit Ja und Nein, mit »Du spinnst wohl« und »Komm her, wir machen es neu und anders zusammen«, beispielsweise. Brauchst du eine haltende Hand hierfür?

Verweile in diesen Übungen unbedingt erneut zwei Wochen. Ich empfehle dabei, nach zwei bis drei Tagen unbedingt einen Tag Pause einzulegen. Gönn dir jetzt etwas für deine Arbeit in dieser intensiven Form der Auseinandersetzung. Belohne dich – ohne deinen Hund.

Fordere ein, dass dein Hund unterlassen kann, etwa einem attraktiven Reiz wiederstehen kann, zum Beispiel etwas Essbarem / etwas Spielbarem auf dem Fußboden, damit du eine Bitte / einen Vorschlag mit gegenseitiger Liebe aussprechen kannst.

Ich möchte deine Klarheit fördern für die kleinen Momente der Aussage an deinen Hund: »Nein, du gehst nicht zu dem fremden Hund auf der anderen Straßenseite!« Und ab dieser Klarheit steht für ein Kommen nichts mehr im Wege. Widerstand. SPÜRE MAL DA REIN! Paragraph für Paragraph.

5. ÜBUNG: Dein zugewandter Hund: der Übergang zu deinem echten JA durch dein klares und wertfreies NEIN

Richte dein Augenmerk für ein paar Tage ganz besonders auf diesen Übergang, ohne gezielte Übungen, ohne Hausaufgaben. Wie nähert sich dir dein Hund nach den fünf Wochen der Übungen und der Beziehungspflege? Ich möchte dir in Beschreibungen nur die Möglichkeit zur Wahrnehmung deines Alltags in einer leicht veränderten Beziehung beschreiben. Du gehst ganz intim in Resonanz, mit Ja oder Nein.

Mein Tag

Ich schildere die folgende Situation für dich aus meiner Perspektive: Am Wochenende Aufwachen ohne Wecker, mein Hund reagiert auf mein tiefes Einatmen beim Aufwachen, mein Gähnen oder die erste Streckung mit einer Resonanz auf mich. Wie genau sieht das aus?

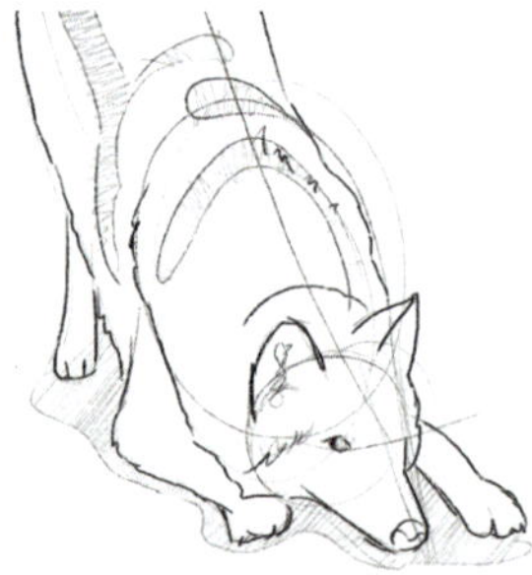

Er spiegelt mich und streckt sich ebenfalls, kommt zaghaft in meinen Raum,

Spüre mal nur in die einzelnen Momente der Zuwendung und Energie.

bittet um Audienz, er schleckt sich das Maul, ist also minimal gespannt, und wenn ich das zurückgebe und meine emotionale Tür *für ihn öffne*, spürt er Erleichterung, kuschelt sich mit seinem Kopf, seiner Nase, seiner ganzen HINGABE in mich hinein. Mittlerweile bin fast immer ich diejenige, die aufzeigt: Jetzt gehen wir raus aus der innigen Nähe, weil ich wieder Raum für mich haben möchte, dort, wo ich bin. Ich gebe ihm eine Information auf der Sachebene: »Geh ab!«

Dann: Ich stehe auf, die erste räumliche Bewegung startet, mein Hund möchte mit dir mit – wie bewegen wir uns innerhalb der Parameter?

Ich setze mit Klarheit meinen Körper in Bewegung, stehe auf. Mein Hund räumt ganz selbstverständlich meinem Aktionsradius Platz ein, also distanziert sich so, dass er mir nicht ständig wieder im Weg steht oder ganz zufällig ausgerechnet jetzt auf das Bett springt, um das Territorium noch mal so richtig abzuwälzen, oder gar schon einen Kilometer vor mir durch die Schlafzimmertür in Richtung Küche hechtet ;-). Gehst du gefühlsmäßig mit den Bildern mit? Da ist einerseits die kuschlige Verbundenheit und Nähe und andererseits die Aufmerksamkeit des Hundes auf jede Veränderung meiner Bewegungen, meiner Gedanken, meiner Gefühle.

Nun sind wir in der Küche. Die Kaffeemaschine läuft, mein Hund wird wacher und interaktiver. Wie ist er mit mir und wo hält er sich auf?

Kannst du dir vorstellen, dass dein Hund, hochmotiviert für jede Zweisamkeit, ein Privileg für sich darin sehen könnte, in deiner Bubble mitzuschwingen?

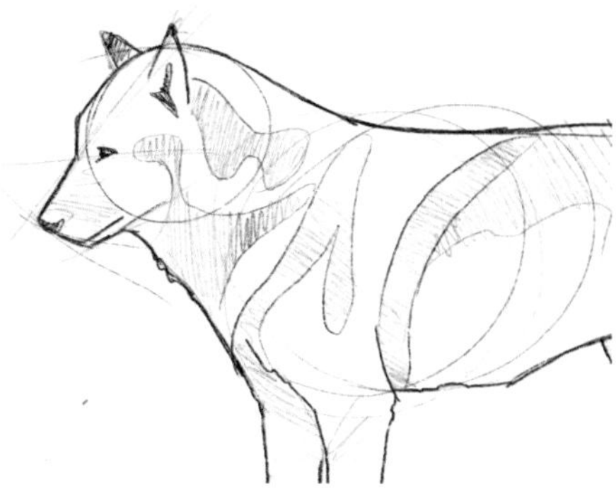

Dass er an deinen Lippen hängt, bedeutet ja, er betrachtet dich in jeder Bewegungseinheit. Denke an die Energiebilder der Richtungen: Gedanken, Körper, Gefühle. Der Hund schließt sich quasi immer an, gleicht hin und wieder ein eigenes Ziel mit deinen Zielen ab und handelt danach.

Weiter in meinem Beispiel: Ich gehe in Richtung Küche, mein Hund wird langsamer und verhaltener, baut eigene Ziele eher ab als auf. Ich koche Kaffee. In der Küche geht es ja häufiger um meine Ressourcen, meine Privilegien, meine Rechte. Gehe ich hingegen in Richtung Terrassentür, ist wiederum klar, es ist das Hundeziel (»Geh mal Pipi machen«), wir lösen uns, ich gehe nicht mit in den Garten.

Ich bin jetzt auch fitter nach dem ersten Kaffee, Energie und Fokus fahren ins Gleichgewicht.

Diese Fragen tauchen zum Abgleich auf: Wie ist der Schäferhund in mir? Bzw. wie wird dieser beantwortet von meinem Hund? Spiegelt er mich? Dreht er stärker auf als ich? Oder ist er einfach nur aufmerksam, um nicht den Zeitpunkt zu verpassen, in dem wir das Haus verlassen?

Was ich damit beschreiben *möchte*, ist die Veränderung des Alltagsfokus vom heimeligen Zuhause auf die Vorbereitungen, das Haus zu verlassen. Ziel und Energie richten sich quasi nach draußen. Jeder Hund kennt die Trigger, zum Beispiel: letzte Aufräumarbeiten, Jogginghose ausziehen, Jeans an, Restgeschirr in die Küche tragen, Handtasche auf den Tisch legen und packen, Handy nehmen, Schlüssel suchen, Schuhe und/oder Jacke anziehen, Leine nehmen, tri-tra-trullalla …

Geht dein Hund, spiegelnd und sich selbst immer wieder regulierend, in den Übergang »Stress des Alltags«? Oder beginnt er, deine Flugbahnen zu korrigieren, legt sich in die *Nähe* der Haustür, ist zurückhaltend dir gegenüber, stellt sich mitten in den Raum und kreuzt immer wieder deine Schneisen? Oder findet er bereits für sich selber seinen Raum und seine Ruhe. Die Gestaltung einer eigenen Selbstregulation ist das, was sich parallel für deinen Hund entwickeln wird.

Dann geht es los, der erste Spaziergang. Wie ist dein Hund räumlich mit dir, wenn du ihn drei Tage lang nicht korrigierst? Hat sich etwas verändert? Wie ist seine Aufmerksamkeit? Innen bei dir? Oder rutscht sie rasch nach draußen? Ich will los! Wie sehr integriert er dich in eigene Auseinandersetzungen? Sagen wir, du gehst los, dort entlang, wo keine Gefahren sind, nicht die allergrößten Abenteuer zu Beginn.

Betrachten wir den gemeinsamen Spaziergang mal versuchsweise als Job. Dadurch wird manche Stolperstelle zwischen Hund und Außenwelt klarer. Du bist als Herrchen/Frauchen der Geschäftsführer und deinen Hund bildest du ganz sachlich und total fair für den Spaziergang aus. Ohne zu sehr in das konditionierende »Sitz«-, »Platz«- und »Bei Fuß«-Training zu verrutschen. Bleib bei der Metaebene, aber füge eine andere innere Haltung hinzu.

Erinnere dich an den Punkt, die Arbeitseinstellung zu entwickeln bei einem Hund. Das ist eine Form der Co-Regulation. »Kein Freizeitpark« heißt noch lange nicht ohne echte Freude und gutes Gefühl.

Regeln werden vor und für die Freizeit und Privilegien deines Hundes gebaut, nicht dahinter. JE MEHR GRENZEN DEIN HUND ENTSPANNT TOLE-

Der Spaziergang ist zum Löwenanteil a) eine gemeinsame Aktion und b) du bist die Geschäftsleitung.

RIERT, DESTO MEHR FREIHEITEN DARF ER GENIESSEN.

Der Spaziergang mit den Problemstellen ist ein ganz eigenes Buch. Wofür sich der ganze Aufwand in der Beziehung lohnt. Mit der krassen Behauptung, erst wenn dein eigenes räumliches Kommunizieren für deinen Hund klar wird, kannst du ihn anleiten in seinem eigenen räumlichen Verhalten / sich beziehen auf sein Problem nach außen.

Nehmen wir eine kleine Geschichte aus meinem Alltag. Viele Hunde und auch meine sind sozial sensibel, mit fremden Hunden im Wald oder im eigenen Territorium. Viele Arbeitshunderassen sind nicht bedingungslos entspannt mit den Abenteuern da draußen. Daher benötigen sie natürlich häufig Unterstützung von dir als Halter. Daher ist die Frage, wer bewegt wen im Innen (Mensch-Hund) und wer nähert sich wie ungefragt dem Außen, also dem Problem, eine ganz essentielle Frage für die psychische Entlastung deines Hundes, der die schwierige Welt nur aus seinen Augen versuchen kann zu verstehen.

Ich bewege in der wichtigsten Position initiativ über meine Möglichkeit zur Distanz und dann erst über Nähe. Ich verwalte den Raum um mich und somit um meine soziale Gruppe. In der Bilanz: Kannst du Nähe und Distanz innen und außen besser beeinflussen, kann dein Hund erst dann biologisch folgen und sich sicher fühlen. Hierüber skippen wir ein wenig vor ...

Ihr kommt heim. Die Phase der gemeinsamen Entspannung entfaltet sich nach dem Walk. Wie entspannt kann dein Hund jetzt durch dich sein? Durch deine fantastische neue Art der Persönlichkeit? Durch deine Klarheit?

Dein Hund hat sich ausgeruht oder geschlafen. Jetzt folgt eine aktivere Phase. Ist er aufmerksam oder dreist? Spür mal rein! Fordert er? Hast du neue Erkenntnisse, die du jetzt wahrnehmen kannst? Lass uns mal noch warten mit der Verhandlung über Optimierung. Mach erst mal drei Tage Pause.

Es folgt noch ein Spaziergang …

Dann noch ein anschließendes gemeinsames Ausruhen, uns geht es körperlich, geistig und emotional entspannt miteinander gut.

Dann kommt das Abendessen für alle …

Gemeinsame Zeit auf der Couch …

Wir gehen ins Bett, morgen ist ein neuer Tag.

6. ÜBUNG: Dankbarkeit für Nähe – Der wichtigste Part für die Beziehung und LIEBE

Da du jetzt weißt, wie das Nein funktioniert, würde ich mir wünschen, dass das körpersprachliche Nein ein fester Bestandteil eures gemeinsamen Jas geworden ist.

Nun ist die Beziehung so weit gewachsen, dass ihr immer mehr ein wirkliches Team werdet. Wenn du an die Beschreibungen zu Beginn des Buches denkst, überlege dir jetzt, ob du diese Form von Magnetismus spüren kannst, den ich dort beschrieben habe. Dein Hund will ja bei dir sein, und er möchte eigentlich in seinem tiefen Bedürfnis auch zu dir aufschauen, schon allein, um sich so sicherer zu fühlen. Der Magnet ist die positive Anziehung, die zwischen euch beiden entstanden ist, mit der Möglichkeit, dass du viel handlungsfähiger geworden bist, falls dein Hund nicht in die Orientierung zu dir findet. Du kannst jetzt Störfelder aufbauen, auf die dein Hund nun sensibilisiert ist.

Die wirklich gute Leitfigur einer Gruppe hat es ja gar nicht nötig, sich ständig über jede Kleinigkeit aufzuregen,

Dankbarkeit folgt der Demut.

daher achte weiterhin auf die Entwicklung eurer Gespräche. Aber jetzt würde ich mir wünschen, als Ausklang aus diesem Basisprogramm, dass du in den großen Topf der Dankbarkeit greifst, für dieses fantastische, neue Gefühl des Zugewandtseins und der Liebe, die dein Hund dir mittlerweile zeigen kann, ohne dass du ihn lockst oder bestichst.

Du bist der Natur der Sache auf die Spur gegangen: Was heißt es biologisch, sich wertvoll zu fühlen? Wie empfindet man sich zu zweit oder als Gruppe eigentlich?

Wenn du es schaffst, in deinem weiteren Lernen ganz fein, mit viel körpersprachlichem Ja, also Nähe und Vorschlägen, zu arbeiten und ganz bewusst auf die Sensibilität des körpersprachlichen Neins, also Distanz und Forderungen, zu achten, bist du ganz weit vorn, was eure Entwicklung angeht.

Die Häufigkeit für das körpersprachliche Ja und die hohe Form der Sensibilität für das körpersprachliche Nein sind die beiden wichtigsten Aspekte.

7. ÜBUNG: Wie bin ich wann?

Jetzt bist du fast ein richtiger Profi für Nähe & Distanz. Du machst dir jetzt die räumlichen Strukturen deines Dialogs auf höchstem Niveau bewusst. Du kannst es jetzt spüren

Schauen wir für deine letzte Praxisübung noch einmal gemeinsam auf den Beginn des Buches:

Du hast bis hierhin viel mehr gelernt, als dir bewusst ist.

Tür auf, Tür zu, Tür auf

Das bedeutet: Dein Hund darf genau in diesem Moment in deine Nähe bzw. in seine freie Bewegung, er hat die Wahl. DU lässt Türen zum Miteinander bewusst geöffnet, DU bist derjenige, der die Tür zur Bewegung oder Annäherung schließt, also auf Distanz geht.

Du hast gelernt, über eine Sache zu streiten (Pizza), und du hast auch gelernt, einfach so für Abstand zu sorgen, wenn du ihn brauchst. Du kannst also in deiner Körpersprache nun die Tür schließen, zum Beispiel bei aufdringlichem Verhalten. Du kannst aber auch eine Türe bei einer Bewegung deines Hundes nach außen (Pizza) schließen. Oder du lässt für deinen Hund diese Tür bewusst geöffnet und tolerierst seine Bewegung .

Du kannst dich natürlich auch stürmisch begrüßen lassen, nichts liegt mir

ferner, als zu sagen, das darfst du nicht, du musst dir nur bewusst machen, was du gerade tust. Also eine geschlossene oder geöffnete Türe nach innen meint die Nähe oder Distanz zu dir, eine geöffnete oder geschlossene Tür nach außen meint jede Form von Außenreiz oder Anlass, den dein Hund aufsuchen möchte. Theoretisch jeden. Mit allen Facetten der Bedürfnisse und darin liegenden Gefühle, natürlich ganz unterschiedlich zu betrachten in ihrer Besonderheit oder Schwierigkeit. Lass deinen Hund erst mal nicht in zu schwierigen Situationen zu angepasst für dich werden. Übt euch erst mal in mehr Leichtigkeit. Lösungsorientiertes Arbeiten öffnet den Prozess der Beziehung.

Du hast gelernt, deinen Hund zur Erreichung des gemeinsamen Ziels mit deinem Blick zu unterstützen. Das bedeutet, du benutzt den fokussierten Blick bewusst für deine Imponier- oder Drohgeste (Distanz) und du blinzelst mit den Augen oder lächelst mit dem Blick, wenn du Nähe erzeugen möchtest.

Worauf achtest du insbesondere mit deinen Blicken? Was passiert häufig? Wenn du noch mal nachschauen möchtest, ob alles gut gelaufen ist, mach es, aber erkenne die mögliche Zweideutigkeit des kontrollierenden Blickes für deinen Hund.

Blick rein – Blick raus

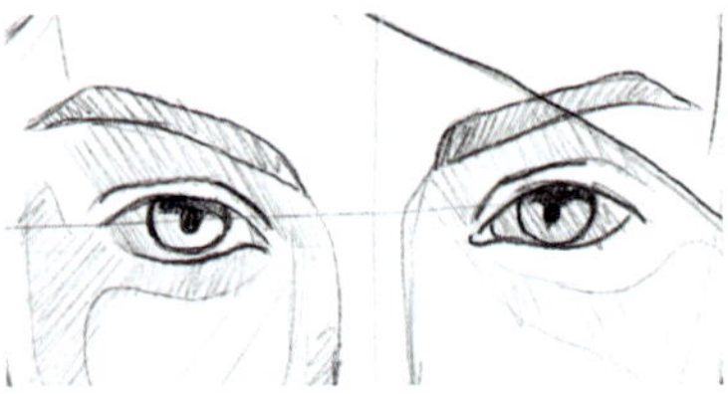

Sozial betrachtet hat der direkte Blick einen sehr hohen Wert. Du nimmst mittlerweile deinen Blick bewusst raus, damit dein Hund ganz nah bei dir sein kann, und bei Bedarf, wenn dein Hund eine Ermahnung, Erinnerung oder Veränderung benötigt, nimmst du den Blick auch wieder in euer Nähe-und-Distanz-Gespräch hinein, das bedeutet etwas Distanz.

Wenn du es machst, dann locker, kurz und leicht. Und wenn du das Gefühl hast, dass es zu häufig zu einem Missverständnis führt, dein Hund irritiert reagiert, dann übe, darauf zu verzichten. Komm vielleicht darüber zu mehr Vertrauen und eigenem Loslassen, hinaus aus der Anspannung des Kontrollzwangs.

Schulter hoch – Schulter runter

Mit entspannter Muskulatur bin ich weich und offen für Nähe, du bringst deine Muskeln nicht in die Spannung. Ist dein Hund dir ganz nah, spannst du deine Muskulatur an, machst dich groß, sorgst für mehr Distanz zwischen euch. Wie der Türsteher, erinnere dich.

Die beste Übung für die Schulter als distanzunterstützende Geste ist das sogenannte Halsdarbieten oder die Türsteher-Übung. Du kannst es gerne vor dem Spiegel üben, oder mit netten Mitmenschen. Mal das Kreuz strecken, sich großmachen, Arroganz steigern und spüren.

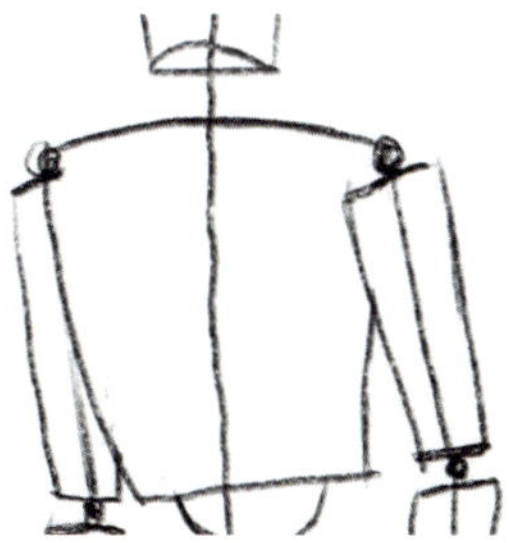

Das Adrenalin bewusst durch das Rückenmark schieben lernen, das führt zu innerer Entschlossenheit und Zielrichtung, in gerader Achse.

Übe das mal, mit der Botschaft, dass du möchtest, dass der Hund etwas von dir weggeht. Um dann, wenn das gut geklappt hat, den Stöpsel wieder rauszuziehen: ausatmen, Schulter hängen, Arme baumeln lassen, lächeln, die gerade Achse brechen, also aus der Konfrontation heraustreten. Mach dir bewusst, dass das viel im Hund verändert. Er betrachtet deine Regungen im Körper ganz genau. Ihr seid so weit in eurer gemeinsamen Kommunikation vorgedrungen, dass ihr feiner im Umgang miteinander werdet.

Der Idealfall: Du kommst nachhause. Du benutzt zur Interaktion mal bewusst nur die Schultern und die Anspannung im Kreuz, die Achse ist gerade oder gebrochen. Und zwar machst du das den einen Tag so und den anderen Tag anders, je nach Situation. Lass dich ein auf eure feine Kommunikation über Nähe und Distanz, ich weiß, ihr seid gut geworden. Vergiss das Lächeln vor lauter Konzentration nicht, wenn du Nähe willst.

Einatmen – Ausatmen

Mit der bewussten Atmung kann ich Signale für Distanz und Nähe setzen. Nur über die Atmung kann ich sogar die Parameter des Neurotizismus verändern. Das Stressnervensystem ist ganz und gar mit unserer Atmung verknüpft und wird durch diese beeinflusst. Ruhiger Atem bedeutet somit viel Nähe, und der impulshafte oder angehaltene Atem heißt: Achtung, Distanz.

Minimalistisch und präzise ist es, das Atmen. Nichts geht tiefer in die Perfektion von Distanz und Nähe als eine bewusste Atmung. Hier wirst du auch selbst den größten Fortschritt deiner Entwicklung in deinem Gefühls- und Körperbewusstsein spüren. Sieh den Hund als Anlass für diesen magischen Moment der eigenen Entwicklung.

Du atmest ein und hältst den Atem an, gehst mit dem angehaltenen Atem in dieser Übung auf deinen Hund zu und wartest die Resonanz ab. Er wird sicherlich kurz spiegeln und dir auch einen angehaltenen Atem zeigen, mit Erstaunen zu Beginn. Das Erstaunen sorgt erst mal für Abstand. Wenn du das übst, dann lass die zwei bis drei Zentimeter Abstand als tollen Bestandteil eurer Beziehung einfach bewusst kurz stehen.

Werde dann freier in der Atmung, aber noch nicht zu sehr. Halte den Moment bewusst für euch beide als Dreamteam in feiner Kommunikation kurz fest. Dann lächelst du, lässt dich leicht nach hinten vom Hund wegfallen, atmest ganz genussvoll aus und empfängst deinen Hund mit liebenden Armen in der Bewegung der Nähe. Du lässt dich vielleicht kurz küssen (abschlecken) und genießt eure Beziehung, die tolle hochgraduierte Form reiner, spürbarer Nähe.

Das Bewusstmachen ist wichtig für den zweiten Teil der kommenden Entwicklung. Achte mal auf deine Atmung, wenn du über Distanz und Nähe nach außen sprichst. Als bestes Beispiel: Du siehst plötzlich drei Rehe auf dem Feld, rufst oder unterbrichst hektisch-nervös deinen Hund, und er biegt ab, kommt zu dir, obwohl er bereits drei Schritte trabend in Richtung Glücksgefühl unterwegs war. Was macht deine Atmung in solchen Fällen? Sie spielt mit dir ganz ordentlich Roulette. Aber was wäre eine Beziehung ohne Entwicklung? Ein Haufen Erde.

Das »Für mich« – das »Für dich«

Nähe bedeutet ein Angebot für euch als Gruppe, das »Für mich«: Fühlt euch wohl und dazugehörig, lernt euch aus der Nähe kennen, seid ehrlich darin, Liebe und Nähe zu geben. Es bleibt ein Angebot. Das »für dich« ist die Distanz und die Pause, wenn DU eine Veränderung für euch beide möchtest, nicht zufrieden bist. Dann sorgst du für dich und für die Distanz zwischen euch.

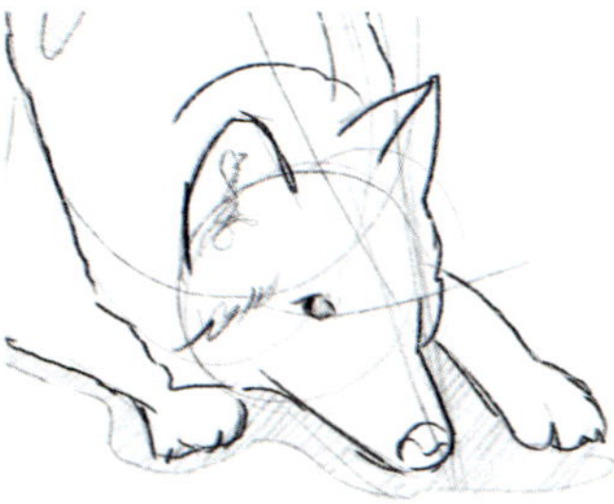

Wenn wir es nicht an Objekten festmachen, sondern an innerer Einstellung, kann man als Fortschritt festhalten, dieser Raum und die Zeit ist jetzt nur für mich (Mensch). Also schließe ich meine innere Tür für das Gemeinsame. Es gibt kein Zusammenkommen, keine Nähe jetzt in diesem Moment. Ich gehe mit dieser Facette durch den Raum, bleibe mal nur bei dem Gedanken, suche keinen Kontakt für den Moment.

Wenn du jetzt mal deinen Hund betrachtest und mal in eure feine nuancierte neue Art der Kommunikation spürst: Wow, oder? Kannst du das gut aushalten? Wenn du mal nur bei dir bleibst, gerade für dich sorgst? Öffne dich als Übung mal nicht für dein Gegenüber, lass mal die Kraft in das Aushalten fließen.

Das Schöne an dieser Übung ist, dass dein Körper bestimmt schon so gut geschult ist und automatisch den Blick, die Atmung, die Schultern bewegt. Du musst das gar nicht mehr einzeln ansteuern in deinem eigenen Kosmos = Körper. Wenn das fantastisch gelaufen ist, dann ist dir vielleicht danach, das für euch beide zu belohnen. Geh in die Gedanken: Jetzt möchte ich dich knuddeln, ich will etwas für dich tun, dich herzen, loben, feiern, dich toll finden. Jetzt ist dieser Moment für dich (Hund) da, dein Glücksgefühl, deine Party, dein Komfort, dein Luxus, dein bester Freund bin ich! Genießt es.

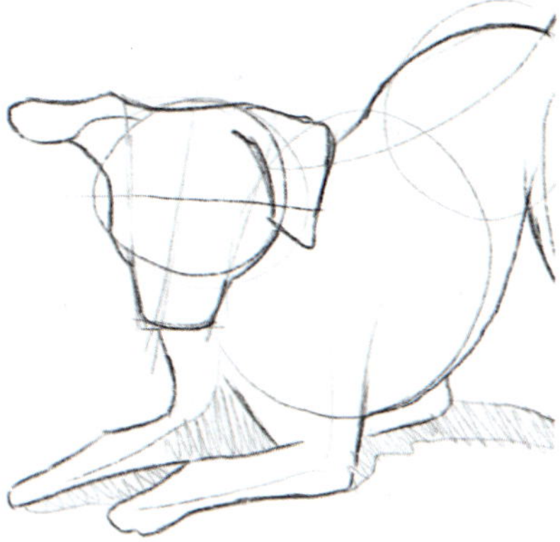

Nehmen – Geben

»Geben« heißt, deinem Hund den Raum und die Wahl zu lassen, wenn es um körperliche Nähe geht, etwas an Energie und eigenem (vielleicht klammerndem) Bedürfnis abzugeben.

Sich für sich selbst Zeit und Raum zu nehmen, heißt, auf sich zu achten, sich selbst in diesem Moment wichtig zu sein, dem anderen eine Grenze zu setzen, Zeit für sich zu geben: Distanz.

Diese Übung ähnelt der davor sehr, wir benutzen eigentlich nur einen anderen Begriff.

»Das nehme ich mir« heißt: Der Raum, diese Zeit ist für mich.

»Das gebe ich dir« heißt: Der Raum, diese Zeit ist für dich.

»Das Recht nehme ich mir« wäre ein schöner Leitgedanke für eine Übung für einen Tag: Ich nehme mir das Recht, dass mein Hund jetzt nicht auf die Couch darf oder dass er jetzt nicht rausgehen muss, dass er jetzt auch mal im Haus bleibt, während ich meine Zeit alleine im Garten in der Sonne kurz genieße.

Bei mir ist es meistens umgekehrt, dass ich im Haus eher Freiraum brauche für mich. Sodass ich zum Beispiel alle meine Hunde ritualisiert ins Gäste-WC sperre, damit, was weiß ich, die Fußböden nach dem Wischen trocknen können oder ich einfach in Ruhe den ganzen Bereich ohne einen einzigen Hund für mich habe. Mir zum Beispiel das Recht nehme, mich allein an den Schreibtisch zu setzen, um hier mit Beinfreiheit, Fußfreiheit zu schreiben. Es liegen jetzt gerade in diesem Moment sechs Aussies auf drei Meter Abstand zu mir. Ich bin schließlich gerade diejenige, die arbeitet, die konzentriert sein muss für den Augenblick.

Nimm auch du dir das Recht dazu und gib dem Hund eine Familie, eine Struktur, ein gesundes System, das Sicherheit vermittelt.

Ich nehme mir das Privileg und gebe dir Sicherheit, Halt, Orientierung, Vertrauen und Planungssicherheit.

Aggression – Demut

Demut heißt, den anderen nah sein zu lassen und zu akzeptieren, dass er emotional das Gespräch führt. Demut ist die Dankbarkeit *über die* Zusammengehörigkeit, hierarchisch von unten nach oben. Dein Hund ist (emotional, gedanklich und körperlich) so nah bei dir, wie er gerade sein darf. Aggression bedeutet, DU kannst auf Distanz bestehen, wenn sie notwendig und wichtig ist. Für dein eigenes Wohlgefühl, eure gemeinsame Sicherheit und eure gemeinsame Entspannung.

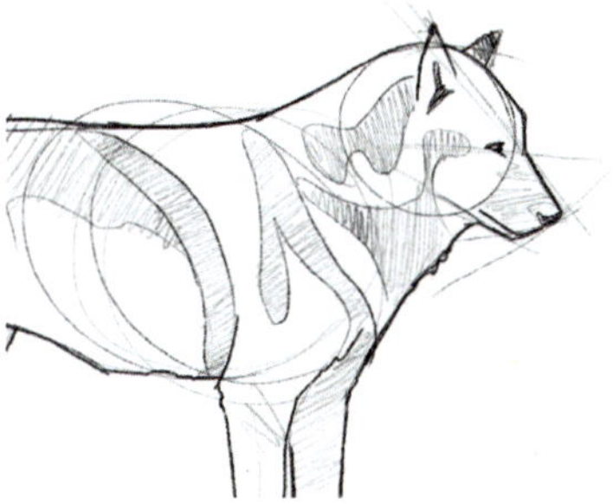

Diese Parameter hast du schön geübt, bei der 48-Stunden-Choleriker-sein Übung oder auch bei der Übung »Meine Pizza – deine Pizza«. Vielleicht kannst du weiter das Differenzieren üben, indem du die Annäherung von deinem Hund zu dir als »aktiv demütig« herleitest, das bedeutet, du gestaltest ganz kurz vorher die Anleitung um: »Nicht deine Pizza!«, in dieser Anleitung führst du Regie, du bewegst deinen Hund erst rückwärts von etwas und dir weg, um dann die innere kleine Unruhe im Vorwärts zu dir als aktive Demut zu ernten. Respekt kann man übrigens nicht trainieren, daher der eigentliche Widerspruch jeder Trainingsanleitung. Respekt und Vertrauen erntet man über die Zuverlässigkeit und die guten Werte dahinter.

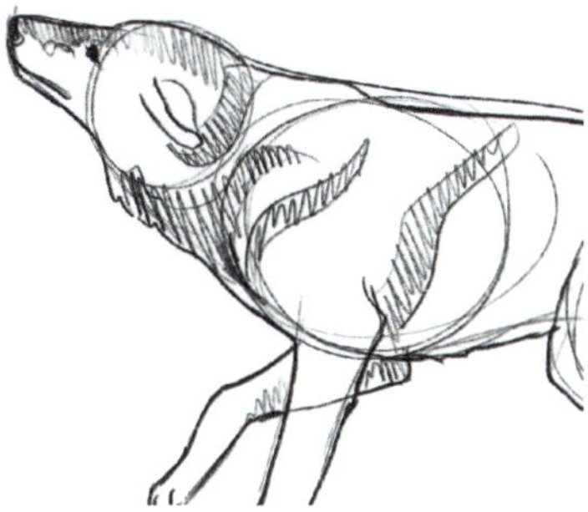

Lass ihn mal bewusst in Kontakt mit deiner Gebärde des Imponierens und Drohens kommen, spiele den Türsteher, um deinen Hund auf Distanz zu bekommen, weil ihr das wirklich gut könnt. Lass ihn drei Sekunden lang in passiver Demut stehen, halte ihn ganz klar auf Abstand.

Dann atmest du aus, lädst ihn körpersprachlich ein, und, Überraschung, du hältst ihn noch mal unterwegs zu dir kurz an, mit Imponiergeste, hältst ganz streng den Blick, die Atmung, und dann gehst du in eine total fluffige Variante über und bedauerst ihn mit Wehmut und – ich nenne es Zwerchfellarbeit (rasche Atmung, fast glückliche Feueratmung). Ganz kurz wirst du ganz viel aktive Demut erzeugen können, das rauscht richtig durch eure Verbindung gerade, das befeuert eure Beziehung selbst in der allerhintersten Zelle. Freude, Euphorie, mit dieser Spur Glückseligkeit und Dankbarkeit, bedeutet eine ganz hohe Form von Demut. Das ist ab jetzt der soziale Klebstoff für euch beide.

Ernst – Freude

Freude ist sozial nah für euch, hier springt der Funke über von dir zu deinem Hund und umgekehrt, so als wäre keine Haut zwischen euch. Ernst bedeutet Distanz, ich gehe in sozialen ernsten Dialogen nicht in die Verbindung, da springt der Funke

eben nicht über, sondern sorgt eher für Druck. Du kannst jetzt eine abstoßende Energie nutzen, die *für Distanz und etwas Ernst sorgt.*

In Stellvertretern kann ich total mit den beiden Polen spielen. Ich kann zur Verfeinerung der Beziehung ohne vorerst echte Probleme, in dem hohen Grad der Feinheit sogar mit dem Hund leicht ironisch werden.

Eigentlich würde jeder Canine-Wissenschaftler dazu tendieren, zu sagen, das geht nicht. Ich behaupte, in der hohen Frequenz der sozialen Beziehung doch. Welche Beispiele fallen dir ein, aus deinem Alltag? Mir fällt zum Beispiel das Klauen von Essen ein, das Springen ins Bett mit schlammigen Pfoten, das Anspringen, wenn ich eine weiße Hose trage …

Ich kann hier, Ironie erkennend, lachend, »NICHT DEIN ERNST?« trällern, verstehst du? Ich kann über die Beziehung so wundervoll Ernst und Freude miteinander spielerisch verwechseln. Dein Hund wird dich lieben, ich bin mir ganz sicher. Und du findest bestimmt ganz viel Erleichterung, wenn du mal bewusst Fehler mit Freude und Lachen begrüßt. Nimm dich, den Hund und all die gemeinsamen Probleme der Liebe wegen ruhig nicht immer so ernst.

Wenn du allerdings eher dazu neigst, es niemals ernst zu nehmen, wenn dein Hund vor dir steht, dich anschaut und Essen klaut, dann drehe diese Übung bitte genau um 180 Grad um, ohne einen Millimeter. Entscheide du, welchen Fortschritt ihr beide benötigt. Sei ehrlich zu dir.

Antwort – Frage

Die Frage ist die Zuwendung, also nah, das Angebot an deinen Hund. Nun nähert sich dein Hund dir häufiger mit der minimal vorsichtigen Frage im Gesicht: »Darf ich?«, oder: »Möchtest du auch, dass ich mich nähere?« Achte mal darauf, wer häufiger fragt und wer häufiger antwortet. Ich strebe an, dass Kinder/Schüler fragen und Erwachsene antworten.

Nur mit dem wichtigen Merksatz: Das Kind steht im Vertrauen und hört dir jetzt zu.

Höchste Stufe für die Unterscheidung, erinnere dich: Bitten contra Forderungen.

Du glaubst gar nicht, welche starke Veränderung in deiner Beziehung zu deinem Hund passiert, wenn du jede Kooperation/Ausführung als Frage oder Bitte siehst und jede Intervention/Grenze als Aufforderung. Ich formuliere es sogar häufig so, dass meine Nachbarn sich köstlich amüsieren. Für meine Hunde ist total klar, gehen sie zu fremden Hunden oder Menschen, kommt meine gesetzte Grenze/Regel als Aufforderung: »Tust du nicht«.

Unsere gemeinsame Spielregel lässt mir den Raum dafür, mit sechs unangeleinten Hunden an meinen Nachbarn vorbeizugehen. Ich flöte mit singender Stimme: »Kommt ihr mal bitte alle?« Total leicht und fast fröhlich, weil ich Vertrauen habe, dass sie mir nicht von der Stange gehen. Sie bleiben mental und körperlich ausreichend mit mir in Verbindung, da scheitert nix.

Meine Nachbarn genießen immer sehr das »Bitte« am Ende des Satzes und das Fragezeichen. Wenn ich übertreibe, sage ich vielleicht auch mal: »Geoff, kannst du bitte aufhören, zu bummeln, zu flirten, an den Laternenfahl zu pinkeln ...« Probieres es aus, gerne in einer für dich sicheren Situation, ohne Autos oder zu viel Scham im Außen, aber auch ohne Leine und ohne Kekse in der Kommunikation. Lass dich auf die Nuancen ein.

Wissender – Verstehender

Frage und Antwort sind unmittelbar verknüpft mit dem Wissenden = Distanz und dem Verstehenden = Nähe. Du kannst der Spur jetzt folgen, oder?

Eigentlich bin ich klar die Verstehende. Ich verstehe ja die Zivilisation und die ganzen Aufgaben und Schwierigkeiten besser. Ich weiß, wie gefährlich Autos sind, ich weiß, dass das Jagen von Rehen richtig blöd enden kann. Das heißt, dein Hund ist klar immer derjenige, der die Kröte schlucken muss, zu seiner eigenen Entspannung und zu seiner Sicherheit: »Aha, ich habe jetzt etwas verstanden, nämlich: Ich darf als Hund nicht auf die Straße rennen!« Positionen werden in dem neuen Austausch, ohne Rucken und Ziehen an Leine und Halsband hoffentlich ruhig, klar und fließend. Du, Hund, gehst als Nicht-Verstehender einfach nicht auf die Straße. Bringe Distanz zur Straße und Demut in euer Gespräch. Also bist du darüber auch der Wissende. Verstehst du den Zusatz der kurzen Poesie?

Aber ab einem gewissen Grad kann ich auch damit spielen, wenn beispielsweise ein Autofahrer sich komisch verhält und du deinem Hund wirklich mit voller Brust zuwirfst: »Habe ich jetzt auch nicht verstanden!« Redet ihr so miteinander, auch wenn er natürlich nicht deine Worte versteht, wird er deine Aussage genau dort übersetzen, wo du sie so langsam beginnst zu spüren. In emotional, gedanklich nah oder halt eben distanziert. Sich verbinden mit Humor und Freude, das kann man mit Hunden ebenso wie mit Menschen. Die Kommunikation der Körpersprache, wenn sie total ehrlich läuft, versteht dein Hund besser, als du zu glauben vermagst.

Lehrer – Schüler

Hier gibt es wieder eine totale Parallele zur vorigen Übung. Lass mich sagen, jedes Mal wenn ich wieder der neue Lehrer eines neuen Schülers (Welpen) bin, trete ich bereits nach wenigen Stunden aus meiner Spur der Routine, ich leite ihn an und sage zum Beispiel: »Ach, das ist ja krass, was du da dazu schon weißt«, oder: »Wie toll du mich das Gegenteil der Übung, der Kommunikation gerade lehrst.«

Ich handele ganz nach Siddhartha, bleibe Schüler ein Leben lang, sonst droht man innerlich zu sterben.

Ich lasse den Welpen zwischendurch auch Lehrer sein, betrachte und staune …

Kreis – Viereck

Die runde Form ist die ruhige, entspannte, kuschelige und sich anschmiegende Ausprägung. Die sogenannte gebogene Linie kann man fast auf eine Körperstruktur übertragen, die im Gegenüber Nähe zulässt, erzeugt und bejaht.

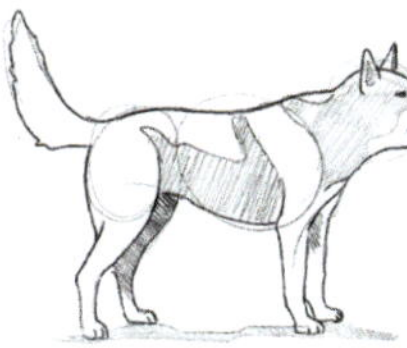

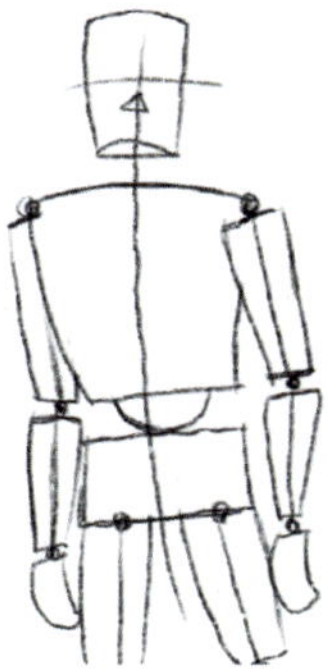

Das Viereck ist das Eckige, das, woran man sich stößt, abstößt und nicht kuschelt, das mit den scharfen Kanten und den geraden Achsen. Stellt euch das Viereck in der schon häufig erwähnten Türsteher-Statur vor, alles wirkt abweisend, für Abstand und Respekt sorgend.

Du bist nun so gut in deiner Wahrnehmung und in deinen Möglichkeiten geschult. Nutze und übe sie, halte sie sensibel und heilig.

8. ÜBUNG: Welche Richtung hat wessen Energie? Kreise und Vierecke

Ich möchte dieses Bild für die folgende Übung noch einmal im Zusammenhang der Physik und Biologie erklären.

Du gehst durch den Raum (1)

Als Viereck ...

- ... gehst du nach vorne,
- ... gehst du nach außen,
- ... bist du energetisch höher
- ... liegt mehr Spannung in Atmung, Körperspannung (Türsteher) und Gedanken (mein Fokus, mein Ziel),
- ... ist deine Energie hoch und geradeaus gerichtet,
- ... würde ein Gegenüber von dir kurz abprallen, du hast eine Mission.

Die Ich-Botschaft in eckiger Struktur: Status, gesunden Egoismus, reinen Selbstwert, konzentrierten Fokus oder Energie-Skills kann man tatsächlich üben, und besonders gut, klar, wertfrei mit Tieren, sie sind Meister darin, es aufzusaugen, wie ein Schwamm.

Hier einige Beispiele:

Ein erwachsenes, ranghohes Pferd möchte von der Wasserstelle zur Heuraufe, wählt zielgerichtet den kürzesten Weg. Die rangniedrigen Pferde/Jungpferde erhalten schon aus wenigen Metern Entfernung die Botschaft, dass sie dort »im Weg« stehen. Sie weichen aus, das erwachsene Pferd hat maximal ein leichtes Drohen an den Tag gelegt, Ohren zurück. Das Jungvolk weicht dem Viereck aus und ist selbst angepasst dabei, ärgert sich nicht und hat keine Angst.

Ich habe einen erwachsenen Hund in der Betreuung. Wenn er abgeholt wird und auf dem Weg zu seinem Halter die Junghunde seinen Weg kreuzen, der ihm hier gerade wichtig ist, wird er übellaunig reagieren, wegdrohen und seinen Weg gehen.

Wenn meine eigenen Hunde in der Situation sind: Wir gehen zur Schafkoppel, da stehen andere Artgenossen auch außerhalb jeder Wahrnehmungskompetenz. Sie würden als Form von nervigem Ballast kurz und knapp kurz weggedroht werden. Eigenes Ziel: Dopaminausstoß beim Hüten.

Du gehst durch den Raum (2)

Als Kreis …

- … gehst du nach hinten, oder seitwärts,
- … gehst du nach innen,
- … bist du energetisch flacher,
- … bist du deutlich weicher in Atmung, Körperspannung (Krankenschwester) und Gedankenspannung (ich bin für mein Gegenüber gerade kontaktierbar, anziehend, nährend, versorgend),
- … ist deine Energie flach, fluffig und,
- … fühlt sich ein Gegenüber von dir permanent angezogen, du hast keine eigene Mission, außer für den anderen da zu sein.

Ich-Botschaft in runder Struktur: Ich zeige keinen Status, keinen Egoismus, ich werte mich selbst, indem ich beim Gegenüber willkommen bin, gemocht werde. Mein Fokus ist ablenkbar, entspannt. Das alles kann man tatsächlich üben und besonders gut, klar, wertfrei mit Tieren, sie sind Meister darin, es zu beantworten, wie ein Schwamm. Was mir auch bei der Kreishaltung helfen kann, sind Entspannungsübungen.

Emotionale Bilder lassen es dich fühlen

Ein älteres Pferd geht durch die Herde, zwei Jungpferde käbbeln sich und geraten zufällig in die Laufbahn der alten Stute. Die reagiert, indem sie ausweicht, kurz prüft, ob sie sicher vor erneuten Stößen ist, schaut in die Situation hinein, wird von einem der beiden Jungpferde noch kurz einbisschen frech kontaktiert, die Kleinen raufen weiter und scheren sich nicht.

Meine Hundegruppe döst, einer der Junghunde meint, auf die Pfoten eines der erwachsenen Hunde treten zu müssen. Der erwachsene Hund zieht die Füße beiseite, guckt mit einem Auge hoch und bekommt ein eher dreisteres Feedback vom jugendlichen Schnösel.

Wenn meine jungen Hunde in ihre Ursprungsfamilie zurückkommen und sehr unterwürfig die einzelnen erwachsenen Hunde begrüßen, ihnen sagen, wie sehr sie sie verehren, sind die erwachsenen Hunde kurz gebauchpinselt und genießen diese aktive Demut als Mutter der Nation, in der Hoffnung, der Rest der Welt betrachtet gerade diese Szene ☺.

Die Kreis- und Viereck-Eigenschaften noch einmal zusammengefasst:

Kreis: nach hinten, innen, ich bin warm, liebend, versorgend, kontaktierbar, anschmiegsam, habe Zeit für dich, kümmere mich um deine Bedürfnisse.

Viereck: nach vorne, nach außen, ich bin kühler, erfolgreich, berufstätig, konzentriert auf einen wichtigen Fokus/Job, angespannt, habe keine Zeit für dich, kümmere mich um meine Bedürfnisse.

Es wird intim, zuhause bei dir, bei mir, bei unseren Hunden.

Ich schildere dir hier eine Situation bei uns zuhause in Bezug auf rundes und eckiges Verhalten.

Ich werde wach, ich bin kurz beschäftigt mit mir, meine mindestens drei von fünf Hunden suchen den sozialen Dialog / die soziale Nähe. Ich halte sie kurz mit einem Störlaut (»Nein« = Distanz) auf Abstand. Sie halten dort inne, senden ein kurzes Demuts-Signal und erkennen: Ich bin eckig.

Wenn ich meine Glieder und den Geist klar habe, gähne und strecke ich mich, meine Hunde fragen erneut aktiv demütig, einschmeichelnd nach. Jetzt bin ich rund, ich liebe es ja schließlich auch, wenn sie so nah bei mir sind, ich mag die Bindung, die körperliche Nähe meiner Hunde. Also, die drei schlecken über mein Gesicht, bzw. Kurt schlabbert am liebsten Hände, Bow fordert Streicheln ein, und Dave ist maßlos-distanzlos und schlabbert schamlos über mein Gesicht. Jeder in seinem sozialen Genuss der Nähe. Und ja, meine Hunde haben sehr wenig Formalismus gelernt, wie »Hierhin!« oder »Dahin!«, sie werten immer meinen Zustand: Kreis = Tür offen, Viereck = Tür zu – sowohl zu mir als auch zu äußeren Themen.

Noch ein Beispiel:

Meine Hunde baggern und flirten gerne, und wenn gerade kein weiblicher Hund zugegen ist, nehmen sie auch gerne meine Mitarbeiterinnen, Trainerkolleginnen oder weiblichen Besuch zum Anbaggern. (Bei mir tun sie es nicht, da sie die Antwort darauf kennen.) Je nach Reaktion des Gegenübers hält das Baggern entsprechend lange vor oder nicht. Dauerhafte Kreispersönlichkeiten etwa bringen es einfach nicht übers Herz, jemanden abzustoßen oder abzuweisen, für jemanden gerade nicht zu sorgen.

Ich selbst schließe diese wie andere Türen nach draußen, wenn die geöffnete Tür zu unbrauchbarem, biologisch nicht wertvollem Programm führt. Ich atme fest: Türsteher, Viereck, Distanz, Tür zu, meine Hunde gehen auf Abstand zu mir, zu ihrer Idee, zu ihrem Gefühl, zu ihrer Handlung.

Und noch mal: Was der jeweilige Rüde stattdessen tut, ist mir in dieser Situation egal, wenn er sich selbst dabei den positiven Stress reguliert. Sucht er sich stattdessen ein neues Opfer oder kann keine alternative Struktur finden, ist gestresst, überfordert – dann gebe ich ausnahmslos ein Kommando: Co-Regulation in Form eines Angebots bzw. einer Bitte und keiner Forderung. Das Angebot besagt: »Komm zu mir, Schatzi, leg dich hin, entspanne dich, du wirst dich gleich besser fühlen.« Dann bin ich rund!

9. ÜBUNG: Jetzt bin ich Gruppe

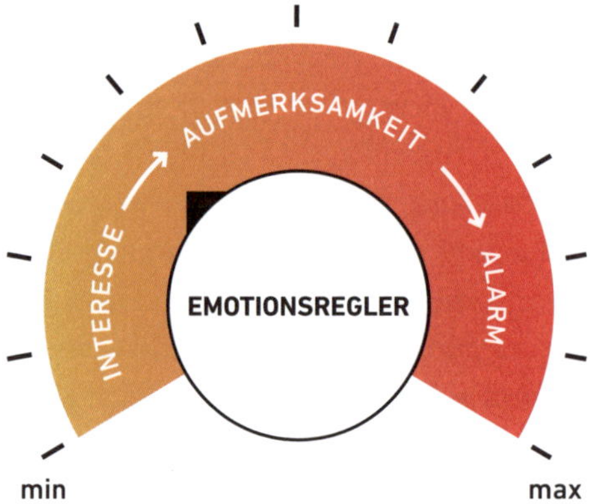

Mit den Gefühlen verläuft die Stärke und Milde, vergleichbar mit einem Lautstärkeregler einer Musikanlage.

Üben wir das »Gruppe-Sein«

Du nimmst in seiner Gegenwart immer den inneren Zustand deines Hundes wahr, hast jetzt vielleicht immer öfter den Eindruck, du weißt, welches Gefühl gerade vorherrscht oder welches Bedürfnis gerade wackelt. Ergo, er benötigt eine Hilfestellung durch dich, den erwachsenen Part in der Gruppe.

Du wirst nun sehr innige Gespräche führen können.

Deine Zukunft

Hier die Situation »Der Nachbarshund reißt sich bei Frauchen los und kommt in einem gestreckten Galopp bis auf zehn Meter auf dich und deinen Hund zu: Dein Hund fährt in einen Zustand der Unruhe – du beruhigst und lockst ihn nicht (mehr) spontan, sondern gehst kurz in den Dialog der Beziehung, du hältst in deiner Bewegung inne, du trägst jetzt den Regiehut. Dein Hund reagiert und beachtet dich maßgeblich und fährt darüber in seiner Erregung in wenigen Sekunden runter, du baust Druck ab, bist kurz neutral, lädst ihn dann ein, noch einen Zentimeter dichter zu dir zu kommen, er lässt sich tatsächlich jetzt schneller beruhigen und setzt sich nicht mehr alleine mit der Situation auseinander.

Das ist ein unwahrscheinlich wichtiger Moment für euch beide:

Dein Hund ist nicht mehr allein.

Und:

Du bist jetzt GRUPPE.

Die Fähigkeiten der Einflussnahme in Bewegung und Aufregung sollten möglichst häufig bei demjenigen liegen, der Umstände versteht. Erst dann kann das Gruppenmitglied sich wieder sicher oder entspannt fühlen.

Wir rücken näher an den Kern der Beziehung heran: das tiefe Bewusstsein für das Gegenüber, gepaart mit den Kompetenzen in Sachen Raum und Zeit, die

Respekt und Liebe hängen wie Klebstoff aneinander.

es benötigt. Das gilt nicht nur für die Tierwelt. Sei ermutigt, Neues zu lernen, für deine eigene Entwicklung, für das eigene Verstehen. Von dort, wo dein Hund heute steht, kommen wir alle her, als kleine Kinder.

Stell dir vor, du hast eines Tages die Möglichkeit, mit deinem Hund über innere Zustände zu sprechen – in seiner Sprache. Dahin gelangst du in kleinen Schritten.

FAZIT

Liebe ist ein Ergebnis, nicht das Werkzeug

Wenn ich dich bewegen konnte in diesen fünf bis sechs Wochen, lebt ihr beide, du und dein Hund, nun eine neue Form von Beziehung: eine tiefe, verbundene, sehr ehrliche, sehr verbindliche Beziehung, weil dein Hund dich entschlüsseln kann und du vielleicht auch mit mehr Bewusstsein die störenden oder manchmal holprigen Dinge ansprechen magst und aussprechen kannst. JETZT VERSTEHT IHR EUCH.

Da du jetzt weißt, wie und vor allem wofür du es tust, gibt es keine falsche Scheu oder Scham, die das verhindert. Ich wäre die glücklichste aller Autorinnen, wenn du durch deine hinzugewonnene Klarheit auch nur einen kleinen Anteil echter Verbundenheit erreichen konntest.

Mit viel Liebe und genau der richtigen Entschlossenheit gehen wir in den Wandel, für einen guten Zweck.

Viel Freude für euch beide bei den Bewegungen in Zeit und Raum.

Deine Nicole

Literatur

Charf, Dami, Auch alte Wunden können heilen, Kösel 2023
Eckardt, Georg, Persönlichkeits- und Differentielle Psychologie, Springer 2017
Eysenck, Hans Jürgen, Die Ungleichheit der Menschen, Ullstein Sachbuch 1989
Feddersen-Petersen, Dorit, Hundepsychologie, Kosmos 2013
Feddersen-Pertersen, Dorit, Ausdrucksverhalten beim Hund, Kosmos 2008
Geuter, Ulfried, Körperpsychotherapie, Springer 2023
Grawe, Klaus, Neuropsychotherapie, Hogrefe 2004
Levine, Peter A., Sprache ohne Worte, Kösel 2010
Luhmann, Niklas, Systemtheorie der Gesellschaft, Suhrkamp 2017
Matthews, Nadin, Duell auf offener Straße, Kosmos 2021
Rosenberg, Marshall B., Gewaltfreie Kommunikation, Junfermann 2016
Satir, Virginia et al., Das Satir-Modell, Junfermann 2011
Saum-Aldehoff, Thomas, Big Five, Patmos, 2015
Schulz von Thun, Friedemann, Miteinander reden: Störungen und Klärungen, rororo 1981
Siegel, Daniel, Gewahr sein, arbor 2020
Vogd, Werner, Quantenphysik und Soziologie im Dialog, Springer 2020
Watzlawick, Paul, Die Lösung ist immer der beste Fehler, Carl-Auer Verlag, 2. Auflage 2023
Watzlawick, Paul, Janet H. Beavin, Don D. Jackson, Menschliche Kommunikation, hogrefe 2017
Wengenroth, Matthias, Das Leben annehmen, hogrefe 2016

Endnoten

1 Daniel Siegel, *Gewahr sein*, 2020.
2 Biomechanik ist der gemeinsame Nenner aus der Bewegung (Physik) und dem Anlass einer Bewegung (Biologie), also ein Teilgebiet der Biophysik, das sich mit den mechanischen Vorgängen in den Organismen befasst. Also wie bewegt sich ein Mensch oder ein Hund und warum bzw. wofür bewegt sich ein Mensch oder ein Hund.
3 Das Ethogramm beschreibt die Gesamtheit von Verhalten aus den Bereichen Fortbewegung, Komfortverhalten, Orientierungsverhalten, Nahrungsverhalten, Rangordnungs-, Revier- und Sexualverhalten.
4 Hans Jürgen Eysenck, *Personality Structure and Measurement*, 1969.
5 Normalerweise lieben Menschen ihre Hunde »vorwärts« durch überschwängliches Streicheln, Füttern, Loben ... das geht alles sehr vorwärts mit: ICH FINDE ES SUPER, WENN ES SO IST! Rückwärts meint: Ich finde es SPÄTER super. Ich gehe nicht vorwärts ins Fördern, sondern bewege mein Gegenüber rückwärts in seine Demut, für die Hierarchie und damit für seine Anerkennung und Liebe zu mir danach.
6 Friedemann Schulz von Thun, *Miteinander reden. Störungen und Klärungen*, 1981.
7 Thomas Gordon, *Familienkonferenz (Parent Effectiveness Training)*, 2022.
8 Friedemann Schulz von Thun, *Miteinander reden: Störungen und Klärungen*, 1981.
9 Marshall B. Rosenberg, *Gewaltfreie Kommunikation – Eine Sprache des Lebens*, 2012.

Bildnachweis

Fotos

Dana Thimel S. 9, 10, 11, 13, 15, 16, 17, 19, 28, 32, 34, 35, 59, 82, 86, 92, 93, 94, 103, 113, 114, 122, 124, 130, 131, 132, 133, 134, 136, 139, 141, 142, 144, 146, 147, 148, 150, 152, 153, 155, 170, 172, 192, 193, 194,

Nicole Hoppe S. 38, 48, 49, 51, 53, 54, 55, 56, 57, 58, 61, 62, 66, 69, 75, 78, 80, 81, 83, 87, 90, 91, 96, 97, 107, 110, 116, 118, 125, 127, 128, 154, 155, 156, 158, 159, 162, 164, 165, 166, 168,

Sven Vüllers S. 39, 40, 43, 57, 59, 85, 87, 90, 121, 156, 166, 175,

Grafiken

Niklas Hekers & Jessica Scheffler S. 21, 25, 27, 30, 74, 77, 98, 99, 101, 102, 111, 140, 142, 190, 102, 192

Register